Phototshop CC

数 码 摄 影 后 期 处 理

从新手到高手

（图解视频版）

博智书苑 编著

北京日报出版社

图书在版编目（CIP）数据

Photoshop CC 数码摄影后期处理从新手到高手 ：图解视频版 / 博智书苑编著. -- 北京 ：北京日报出版社，2015.11

ISBN 978-7-5477-1788-2

Ⅰ. ①P… Ⅱ. ①博… Ⅲ. ①图象处理软件 Ⅳ. ① TP391.41

中国版本图书馆 CIP 数据核字(2015)第 297568 号

Photoshop CC 数码摄影后期处理从新手到高手： 图解视频版

出版发行： 北京日报出版社

地　　址： 北京市东城区东单三条 8-16 号 东方广场东配楼四层

邮　　编： 100005

电　　话： 发行部：（010）65255876
　　　　　　 总编室：（010）65252135-8043

网　　址： www.beijingtongxin.com

印　　刷： 北京凯达印务有限公司

经　　销： 各地新华书店

版　　次： 2016 年 3 月第 1 版
　　　　　　 2016 年 3 月第 1 次印刷

开　　本： 787 毫米×1092 毫米　1/16

印　　张： 21.5

字　　数： 445 千字

定　　价： 78.00 元(随书赠送 DVD 一张)

前 言 FOREWORD

内容导读

与专业摄影师拍摄的数码作品相比，你也许总是感叹自己拍摄的照片看着平淡无奇甚至存在明显的缺陷，这其实并不能说明你的拍摄技术不够好，或者所用的拍摄设备不上档次，也不是你没有找到合适的拍摄内容和角度。事实上，得到出色摄影作品的一大秘诀就在于摄影师们的后期修图。通过数码摄影后期处理可以挖掘照片的潜质，全面提升摄影作品的品质。此外，还可以通过拍摄与后期处理相结合，拓展镜头的视角，突破光影的极限，打造经典的照片特效，对照片进行深度的艺术加工，从而赋予数码照片第二次生命。

本书根据多位资深数码摄影处理大师的教学与实践经验编写而成，是广大初学者或缺少实战经验与技巧的读者的经典教程。全书共分为 12 章，主要内容包括：

◎ 数码摄影后期处理入门　　　　◎ 人像数码照片色调调整

◎ 数码照片后期处理基本技法　　◎ 风光数码照片的修复与调色

◎ 人像照片的美容与修饰　　　　◎ 数码照片精彩特效制作

◎ 人像照片的美体与修饰　　　　◎ 数码照片艺术化处理

◎ 调整数码照片的色调与颜色　　◎ 数码照片的扣图与创意合成

◎ 人像照片磨皮高级技法　　　　◎ 数码照片商业创意设计

主要特色

一流的数码摄影作品离不开高质量的后期制作与输出，后期处理已经成为摄影质量控制中不可忽视的重要环节，更是高素质摄影人必须具备的基本技能。本书将帮助您了解并熟练掌握这项技能，有效地提升摄影作品的质量。本书主要具有以下特色：

● 从零起步，循序渐进

本书非常注重基本操作的讲解和对实战技巧的练习。在讲解数码摄影后期处理的同时，遵循阅读与学习的阶段性特点，循序渐进地传授，注重读者的理解与掌握。

● 注重操作，讲解深入

为了便于读者理解，本书结合大量的数码摄影后期处理实例进行深入讲解，读者可以在实际应用中理解与掌握使用 Photoshop 进行数码照片后期处理的各种技巧。

● 图解教学，以图析文

本书在介绍数码摄影后期处理知识的过程中均附有对应的图片和注解，便于读者在学习过程中直观、清晰地看到操作过程，更易于理解和掌握，提升学习效果。

● 边学边练，快速上手

本书注重实用，详细讲解了 Photoshop 在数码摄影后期处理中的应用方法与技巧，循序渐进、讲解透彻，能使读者边学边练，快速上手。

光盘说明

本书随书赠送一张超长播放的多媒体 DVD 视听教学光盘，由专业人员精心录制了本书所有操作实例的实际操作视频，并伴有清晰的语音讲解，读者可以边学边练，即学即会。

适用读者

本书内容丰富，实例精美，条理清晰，适合广大的数码摄影爱好者、从事平面设计的工作人员和需要进一步提高数码照片后期处理专业技法的相关从业人员学习使用。

售后服务

如果读者在使用本书的过程中遇到问题或者有好的意见或建议，可以通过发送电子邮件（E-mail：bzsybook@163.com）联系我们，我们将及时予以回复，并尽最大努力提供学习上的指导与帮助。

希望本书能对广大读者朋友提高学习和工作效率有所帮助，由于编者水平有限，书中可能存在不足之处，欢迎读者朋友提出宝贵意见，在此深表谢意！

编　者

目 录 CONTENTS

第1章 数码摄影后期处理入门

第2章 数码照片后期处理基本技法

第3章 人像照片的美容与修饰

第4章 人像照片的美体与修饰

第5章 调整数码照片的色调与颜色

第6章 人像照片磨皮高级技法

第7章 人像数码照片色调调整

第8章 风光数码照片的修复与调色

第 9 章　数码照片精彩特效制作

第 10 章　数码照片艺术化处理

第 11 章　数码照片的抠图与创意合成

第 12 章　数码照片商业创意设计

数码摄影后期处理入门

初学者在开始学习如何使用 Photoshop CC 处理数码照片之前，首先要掌握进行数码照片处理时会用到的 Photoshop 软件的一些基本功能。只有掌握了这些基本操作，才能在以后进行各种数码照片编辑操作时应用自如。

1.1 Photoshop的基本概念

在学习使用 Photoshop 进行艺术创作之前，我们首先要了解 Photoshop 的一些基本概念，其中包括图像的类型、像素与分辨率等，这是学习 Photoshop 的重要基础。

1.1.1 位图与矢量图

什么是"位图"？什么是"矢量图"？两者之间有什么样的关系？几乎每一个刚接触平面设计的人都会问到这些问题。下面将详细为读者介绍这两个概念。

1. 位图

位图，又称为点阵图像或绘制图像，它是由称作"像素"的单个点组成的。一个点就是一个像素，每个点都有自己的颜色和位置，这些点可以进行不同的排列和染色以构成图样。位图与分辨率有着直接的联系，分辨率大的位图清晰度就高，其放大倍数也相应增加。但是，当位图的放大倍数超过其最佳分辨率时，就会出现细节丢失，并产生锯齿状边缘的情况，如下图所示。

2. 矢量图

矢量图使用直线和曲线来描述图形，这些图形的元素是一些点、线、矩形、多边形、圆和弧线等，它们都是通过数学公式计算获得的。例如，一幅花的矢量图形实际上是由线段形成外框轮廓，由外框的颜色以及外框所封闭的颜色决定花显示出的颜色。由于矢量图形可以通过公式计算获得，所以矢量图形文件体积一般较小。矢量图形最大的优点是无论放大、缩小或旋转等都不会失真，最大的缺点是难以表现色彩层次丰富的逼真图像效果。如下图所示即为两幅矢量图形。

1.1.2　像素与分辨率

　　在 Photoshop 中，有两个与图像文件大小和图像质量相关的基本概念——像素与分辨率，下面将对其分别进行详细介绍。

1. 像素

　　从前面关于位图的介绍中可以知道，像素是构成位图的基本单位。一张位图是由在水平及垂直方向上的若干个像素组成的。像素是一个个有色彩的小方块，每一个像素都有其明确的位置及色彩值。像素的位置及色彩决定了图像的效果。一个图像文件的像素越多，包含的信息量就越大，文件也越大，图像的品质也就越好。将一张位图放大后即可看到一个个像素，如下图所示。

2. 图像分辨率

　　图像分辨率即图像中每个单位面积内像素的多少，通常用"像素 / 英寸"（ppi）或"像素 / 厘米"表示。相同打印尺寸的图像，高分辨率比低分辨率包含较多的像素，因而像素点也较小。例如，72ppi 表示该图像每平方英寸包含 5184 个像素（即 72 像素 / 英寸）；同样，而分辨率为 300ppi 的图像则包含 90000 个像素。

1.2　Photoshop CC工作界面

　　Photoshop CC 是目前 Photoshop 的最新版本，其操作简便，功能强大。启动 Photoshop CC 后，即可打开其工作界面，如下图所示。

从图中可以看出，Photoshop CC 的工作界面相对于以前的版本并没有发生太大的变化，同样包括菜单栏、工具属性栏、工具箱、工作区、面板和状态栏等。下面将分别对它们进行介绍。

1.2.1 菜单栏

Photoshop CC 的菜单栏中包括 11 个菜单，每个菜单中又有数十个命令，如下图所示。

Ps 文件(F) 编辑(E) 图像(I) 图层(L) 类型(Y) 选择(S) 滤镜(T) 3D(D) 视图(V) 窗口(W) 帮助(H)

这众多的命令可能会使初学者感觉眼花缭乱，但只要了解了每个菜单中命令的特点，就很容易掌握这些命令。例如，"文件"菜单中集成了关于文件操作的所有命令，如"新建"、"打开"、"存储"、"关闭"命令等。而"图像"菜单中则集成了所有与图像操作有关的命令，如"图像大小"、"画布大小"、"裁剪"命令等。

1.2.2 工具属性栏

工具属性栏用于设置工具的各个参数。选择不同的工具，工具属性栏中的参数将会发生相应的变化。下图所示为选择污点修复画笔工具 时的工具属性栏。在工具属性栏中设置各个参数，可以充分发挥工具的作用。

模式：正常 ▼ 类型：○近似匹配 ○创建纹理 ● 内容识别 □对所有图层取样

1.2.3 工具箱

工具箱是 Photoshop CC 的一个巨大的工具"集装箱"，其中包括处理图像的各种工具，如选择工具、改变工具箱的位置以及切换工具箱的显示模式等。

1. 选择工具

若要使用工具箱中的某个工具，只要在工具箱中的该工具图标上单击即可，选中的工具图标将呈下凹状态。

工具箱中的许多工具并没有直接显示出来，而是以成组的形式隐藏在右下角带有小三角形的工具按钮中。按下此类按钮并停留片刻，即可显示该组中的所有工具。将鼠标指针移到隐藏的工具上，然后释放鼠标即可选择该工具。

下图所示为选择矩形选框工具组中椭圆选框工具的过程。

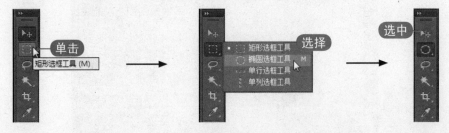

单击矩形选框工具按钮　　　　　选择椭圆选框工具　　　　　选中椭圆选框工具

2．改变工具箱的位置

默认情况下工具箱停放在程序窗口的左侧，将鼠标指针放在工具箱上端的 按钮上，按住鼠标左键并拖动，即可改变工具箱的位置，可以将其放置在窗口的任意位置，如下图所示。

若想将工具箱放回原来的位置，只需在工具箱上端的 按钮上按住鼠标左键，将其拖到窗口左侧，当出现一条蓝色的停靠线时释放鼠标，此时工具箱就又回到了默认的位置，如下图所示。

3．切换工具箱的显示模式

在 Photoshop CC 中，工具箱的显示方式有单列和双列两种。在工具箱中单击最上方的 或 按钮，可以实现工具箱单栏和双栏的切换，如下图所示。这样可以节省屏幕空间，使图像的显示区域更大，以方便编辑操作。

1.2.4 工作区

在 Photoshop CC 中，所有当前打开的文件都以选项卡的形式排列在程序窗口中，可以一目了然地看到打开的多个图像，并可以通过单击打开的图像文件的选项卡名称将其切换为当前编辑图像，如下图所示。

在以选项卡形式管理文件的程序窗口中，在某个文件的选项卡上按住鼠标左键，然后将其拖到一个新的位置，释放鼠标后可以改变该图像文件在选项卡中的顺序，如下图所示。

在某个图像文件的选项卡上按住鼠标左键并向上或向下拖动，可以将其从选项卡中拖动出来，成为一个独立的窗口，如下图所示。再次按住图像文件的名称标题，将其拖回选项卡组，可以使其重新变为选项卡状态。

1.2.5 面板

面板是 Photoshop 中非常重要的组成部分。启动 Photoshop CC 后，在程序窗口的右侧会显示一些默认的面板。要打开其他面板，可以选择"菜单"命令，在弹出的子菜单中选择相应的面板命令即可。下面将介绍有关面板的一些基本操作。

1. 展开和折叠面板

默认打开的面板中，有的处于展开状态，有的处于折叠状态，如下图所示。

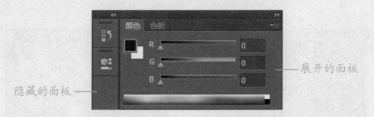

单击展开面板右上角的 ▶▶ 按钮，可以折叠面板；单击折叠面板右上角的 ◀◀ 按钮，则可以展开面板。

当面板处于折叠状态时，将鼠标指针移到其中一个面板的图标上，可以显示该面板的名称；单击该图标，可以展开该面板，如下图所示。

2. 分离和合并面板

面板默认是多个面板组合在一起，组成面板组。将鼠标指针移到某个面板的名称上，按住鼠标左键并将其拖到窗口的其他位置，可以将该面板从面板组中分离出来，成为浮动面板，如下图所示。

拖动面板

分离出面板

将鼠标指针移到面板的名称上，按住鼠标左键将其拖到面板上，当两个面板的连接处显示出蓝色停靠线时，释放鼠标即可将该面板放置在目标面板中，如下图所示。

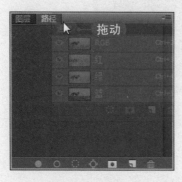

将鼠标指针移到面板的名称上，按住鼠标左键，将其拖到另一个面板的下方，当两个面板的连接处显示出蓝色停靠线时时释放鼠标，即可将两个面板组合到一起，如下图所示。

组合前的面板

组合后的面板

3. 拉伸面板

将鼠标指针移到面板底部或左右的边缘上，当鼠标指针变为$\updownarrow$或$\leftrightarrow$形状时按住鼠标左键并拖动，可以拉伸面板改变其大小，如下图所示。

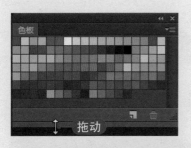

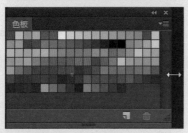

拖动

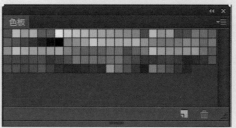

4．最小化和关闭面板

如果要对面板进行最小化和关闭操作，可以利用鼠标的右键快捷菜单来完成。右击面板名称右侧的空白部分，将弹出快捷菜单，如右图所示。其中：

● **关闭**：选择该命令，可以将面板关闭。单击面板右上角的"关闭"按钮 **⊠**，也可以关闭面板。

● **关闭选项卡组**：选择该命令，可以将当前面板所在的面板组关闭。

● **最小化**：选择该命令，可以将当前面板最小化。

5．认识面板菜单

单击面板右上角的 **≡** 按钮，可以打开一个面板菜单，其中包含与当前面板相关的各种命令。例如，单击"通道"面板右上角的 **≡** 按钮，可以打开通道面板菜单，如右图所示。

1.2.6 状态栏

状态栏位于当前打开图像的底部，它能够提供当前文件的显示比例、文件大小、内存使用率、操作运行时间和当前工具等提示信息。单击状态栏中间的黑色三角按钮 **▶**，将会弹出选择菜单，如下图（左）所示。

在该菜单中选择不同的选项，即可在状态栏中显示相关的信息，如下图（右）所示。例如，选择"计时"选项，可以在状态栏中显示用户每一步操作所有的时间；选择"当前工具"选项，则可以在状态栏中显示当前选择的工具的名称。

1.2.7 选择与自定义工作区

在 Photoshop CC 的工作界面中，文档窗口、工具箱、菜单栏和面板的排列方式称为工作区。Photoshop CC 提供了适合不同用户的预设工作区，如设计、绘画和摄影等。

1. 选择预设工作区

Photoshop CC 预置了一些常用的工作区模式，可以在菜单栏中单击"窗口"|"工作区"命令，在弹出的子菜单中进行选择，如右图所示。

不同的工作区有不同的特点，选择好适合自己的工具区，可以让 Photoshop CC 更好地为自己服务。

当选择一种工作区后，操作过程中难免对当前工具区进行调整，即改变文档窗口、工具箱、菜单栏或面板的位置，此时可以使用"工作区"菜单中的"复位工作区"命令来将工作区恢复到初始状态。例如，当前选择的是设计工作区，操作过程中对工作区进行了变动，此时可以使用"复位设计"命令进行工具区的复位。

2. 自定义工作区

在操作过程中，用户可以创建适合自己操作习惯的工作区，以满足具体的操作需求。自定义工作区的方法如下：

根据自己的需要调整出工作区，然后单击"窗口"|"工作区"|"新建工作区"命令，弹出"新建工作区"对话框，在"名称"文本框中为自己的工作区命名，单击"存储"按钮，即可存储工作区，如右图所示。

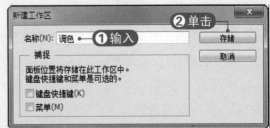

单击"窗口"|"工作区"命令，在弹出的子菜单中即可看到存储的工作区名称，此后就可以利用该菜单选择自己创建的"调色"工作区。

1.3 管理数码照片

Adobe Bridge 是 Adobe Creative Suite 的控制中心。如果用户已经安装了 Adobe Photoshop CC，可以从 Bridge 中打开和编辑相机原始数据文件，并将它们保存为与 Photoshop CC 兼容的格式。单击"文件"|"在 Bridge 中浏览"命令，即可打开 Bridge 窗口，如下图所示。

1.3.1 在Bridge中的文件操作

在 Bridge 中可以像使用 Windows 资源管理器一样管理文件，例如，可以很容易地在各个文件夹之间移动、复制文件等。

- **复制文件**：选择文件，然后单击"编辑"|"复制"命令和"编辑"|"粘贴"命令，或"文件"|"复制到"子菜单中的命令，可以将当前选中的图像复制到指定位置。

- **将文件移到另一个文件夹**：选择文件，可以直接将文件拖到另一个文件夹中。

- **重命名文件**：选中文件后，单击文件名，可以对文件名称进行更改。输入新的名称后按【Enter】键，即可重命名文件。

- **将文件置入应用程序**：选择文件，然后单击"文件"|"置入"子菜单中的应用程序命令，可以将文件用对应的程序打开。

- **将文件从 Bridge 中拖出**：选择文件，然后将其拖到桌面上或另一个文件夹中，则该文件会被复制到桌面或该文件夹中。

- **将文件拖入到 Bridge 中**：在桌面上、文件夹中或支持拖动的另一个应用程序中选择一个或多个文件，然后将其拖到 Bridge 显示窗口中，则这些文件会从当前文件夹中移到 Bridge 窗口显示的文件夹中。

- **删除文件或文件夹**：选择文件或文件夹，单击"删除项目"按钮，或在文件上右击，在弹出的快捷菜单中选择"删除"命令，即可删除文件或文件夹。

●**复制文件或文件夹**：选择文件或文件夹，单击"编辑"|"复制"命令或按住【Ctrl】键并拖动文件或文件夹，将其移到另一个文件夹中，即可完成复制操作。

●**创建新文件夹**：单击"创建新文件夹"按钮 ，或单击"文件"|"新建文件夹"命令，即可新建一个文件夹。

●**打开最新使用的文件**：单击 按钮，在弹出的下拉菜单中可以选择最近使用过的文件。

1.3.2 选择文件夹浏览图像

如果希望查看某个保存着图片的文件夹，可以在 Bridge 窗口的左侧单击"文件夹"选项卡，在"文件夹"面板中单击要浏览的文件夹所在的盘符，并在其中找到要查看的文件夹即可，如下图所示。

1.3.3 改变Bridge窗口显示状态

要改变 Bridge 的窗口显示状态，可以在其窗口顶部单击用于控制窗口显示模式的按钮 必要项 胶片 元数据 输出 关键字 预览 。单击其右侧的 按钮，利用弹出的下拉菜单可以选择更多的显示状态，如下图所示。

如下图所示为两种不同的窗口显示状态。

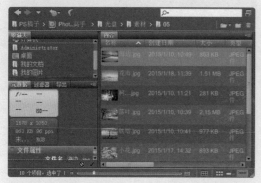 

1.3.4 改变Bridge窗口预览模式

单击"视图"菜单中的"全屏预览"及"幻灯片放映"命令，可以改变图片的预览状态。若单击"视图"|"审阅模式"命令，可以获得类似 3D 式的图片预览效果，如下图所示。

1.3.5 改变"内容"窗口显示状态

在 Bridge 窗口右下角单击████按钮，可以改变"内容"窗口的显示状态。如下图所示分别为单击████按钮后的显示状态。

1.3.6 对文件进行排序显示

在预览某一个文件夹中的图像文件时，Bridge 可以按照多种模式对这些图像文件进行排序显示，从而使用户快速找到自己需要的图像文件。要进行排序操作，可以在 Bridge 窗口右上方单击 按文件名排序 按钮，在弹出的下拉菜单中选择排序的方式，如下图所示。

单击 按文件名排序 按钮右侧的 ∨ 按钮，可以降序排列文件；单击 ∧ 按钮，可以升序排列文件。

知识加油站

使用 Adobe Bridge 可以方便地访问本地 PSD、AI、INDD 和 Adobe PDF 文件以及其他 Adobe 和非 Adobe 应用程序文件。Bridge 既可以独立使用，也可以从 Adobe Photoshop、Adobe Illustrator、Adobe InDesign 和 Adobe GoLive 中使用。

1.3.7 查看照片拍摄数据

使用 Bridge 可以方便地查看数码照片的拍摄数据，这对摄影爱好者很有帮助。

如下图所示为选择一幅数码照片时在"相机数据"面板中显示的相关拍摄信息。在该面板中可以很详细地看到该照片在拍摄时所采用的光圈、快门速度、白平衡以及 ISO 值等数据。

1.3.8　在Photoshop CC或Camera RAW中打开照片

如果要将 Bridge 中的图像导入到 Photoshop CC 中进行编辑，方法有以下几种：

◎ 直接在 Bridge 中双击要打开的图片。

◎ 将图片从 Bridge 中拖到 Photoshop CC 中。

◎ 在图片上右击，在弹出的快捷菜单中选择"打开"命令。

◎ 如果希望在 Camera RAW 对话框中打开照片，可以在 Bridge 窗口的工具栏中单击 按钮；或在照片上右击，在弹出的快捷菜单中选择"在 Camera RAW 中打开"命令。

1.3.9　旋转图片

在 Bridge 中单击窗口上方的 按钮或 按钮，可以将图像顺时针或逆时针旋转 90°。如下图所示为将图像进行旋转的前后对比效果。

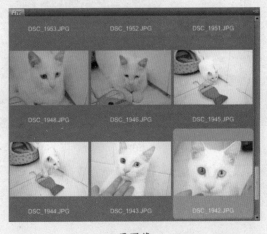

原图像

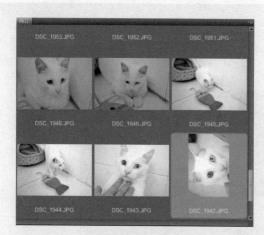

逆时针旋转90°

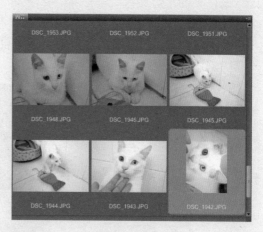

顺时针旋转90°

知识加油站

初学者可能感受不到对数码照片进行管理的必要性，但当从事专业数码照片设计，积累的照片非常多时，就会体会到数码照片管理的必要性，因此掌握 Adobe Bridge 的使用方法是十分必要的。

1.3.10 为文件标记颜色和星级

在 Bridge 中可以为图片添加文件标记颜色及星级，以便于快速查找及筛选需要的图片。

若要标记文件，首先要选择文件，然后在"标签"菜单中选择一种标签类型，或在文件上右击，在弹出快捷菜单的"标签"子菜单中进行选择，如下图所示。

若想将文件的标签去掉，则单击"标签"|"无标签"命令即可。

若要对文件进行标级操作，可以先选择一个或多个文件，然后执行以下操作：

单击窗口下方的 ▭▭ 按钮，将图像显示模式切换为大缩览图显示，然后单击图像缩览图名称下面的代表要赋予文件星数的点 ▬▬▬▬，使其变为对应的星级即可，如下图所示。

◎ 在"标签"子菜单中选择星级。

◎ 要添加一颗星，可以单击"标签"|"提升评级"命令；要去除一颗星，可以单击"标签"|"降低评级"命令。

◎ 要去除所有的星，则单击"标签"|"无评级"命令即可。

1.3.11 筛选文件

在对文件进行标记与分级后，为了方便用户查找图像，可以对文件进行筛选，如只显示标记为一星的图像，或标定为"审阅"的图像。

若要进行筛选操作，可以单击"窗口"|"过滤器面板"命令，打开"过滤器"面板。在"过滤器"面板中通过单击"标签"或"评级"下方的选项，即可在窗口中只显示符合要求的图像。如下图所示为显示标记为"审阅"的图像。

1.4 数码照片的基本操作

新建文件、打开文件、保存文件等都是有效管理文件而必须掌握的基本操作，下面将介绍数码照片处理过程中会涉及的一些文件操作。

1.4.1 新建文件

单击"文件"|"新建"命令，弹出"新建"对话框。在该对话框中可以设置

新建文件的名称、宽度、高度、分辨率、颜色模式和背景内容等属性，如下图所示。

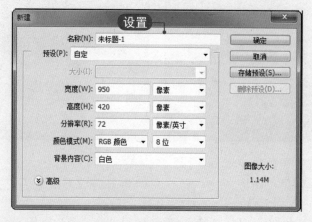

如果需要对创建的文件进行颜色配置和像素长宽比的设置，可以单击"高级"按钮，在出现的"颜色配置文件"和"像素长宽比"下拉列表框中选择相应的选项，从而更精确地设置新建文件的属性，如下图所示。

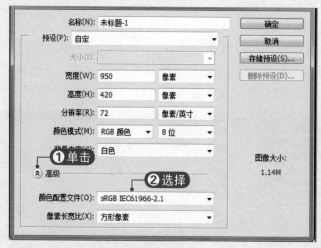

在"新建"对话框中，各选项的含义如下：

• **宽度**、**高度**、**分辨率**：在这些文本框中输入数值，即可设置新文件的宽度、高度和分辨率。在它们右侧的下拉列表框中可以选择数值单位。

• **颜色模式**：在左侧的下拉列表框中可以选择新文件的颜色模式，在右侧的下拉列表框中可以选择文件为 8 位通道还是 16 位通道。

• **背景内容**：在该下拉列表框中可以选择新文件的背景颜色。

1.4.2 保存文件

对图像文件进行各种编辑操作以后，需要对其进行保存。在 Photoshop CC 中提供了几个用于保存文件的命令，用户可以根据自己的需要进行选择。

1. 使用"存储为"命令存储文件

如果是一个新建的、从未保存过的文档，要使用"存储为"命令进行存储。

单击"文件"|"存储为"命令,如下图(左)所示。弹出"另存为"对话框,该对话框中可以对文件的保存名称、保存格式和保存位置进行设置,然后单击"保存"按钮进行保存,如下图(右)所示。

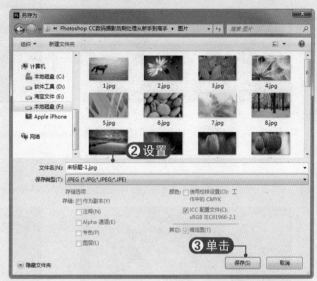

2. 使用"存储"命令存储文件

如果是打开一个已经保存过的文件进行编辑,想保存这次进行的操作,可以单击"文件"|"存储"命令,此时将直接保存所做的修改,而不再弹出对话框。

1.4.3 恢复与关闭文件

在对当前文件进行了若干步操作后,如果希望将其恢复到最初的操作状态,可以单击"文件"|"恢复"命令。

如果一个文件编辑并保存后想将其关闭,方法有以下几种:

◎ 单击图像窗口标题栏中的"关闭"按钮█。

◎ 单击"文件"|"关闭"命令。

◎ 按【Ctrl+W】组合键。

1.5 查看数码照片

在 Photoshop CC 中提供了抓手工具、缩放工具和"导航器"面板等,可以方便用户更好地观察和处理数码照片。

1.5.1 使用缩放工具缩放图像

在工具箱中选择缩放工具█,在当前图像中单击鼠标左键,可以将图像的显示比例放大。而按住【Alt】键单击图像,则可以将图像的显示比例缩小。如果使用缩放工具█,在图像文件中拖动想要放大的部分,则该部分将被放大显示并充满画布,如下图所示。

1.5.2 使用抓手工具观察图像

如果放大后的图像大于画布的尺寸，或图像的显示状态大于当前的显示屏幕，则可以使用抓手工具 在画布中拖动图像，以观察图像的各个位置，如下图所示。

如果当前选择的是其他操作工具，则按住【Space】键，可以暂时将其他工具切换为抓手工具 。

1.5.3 使用缩放命令改变显示比例

单击"视图"|"放大"命令或按【Ctrl++】组合键，可以将当前图像的显示比例放大；单击"视图"|"缩小"命令或按【Ctrl+－】组合键，可以将当前图像的显示比例缩小。

单击"视图"|"按屏幕大小缩放"命令，可以将当前图像文件按屏幕大小进行缩放显示；单击"视图"|"实际像素"命令，可以将当前图像以 100% 的比例显示。

1.5.4 使用"导航器"面板查看缩览图

单击"窗口"|"导航器"命令，将打开"导航器"面板，其中显示了当前图像文件的缩览图，如下图所示。

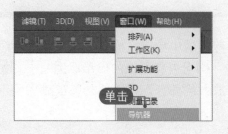 

向左拖动"导航器"面板下方的滑块,可以缩小图像的显示比例;向右拖动滑块,可以放大图像的显示比例。单击滑块左侧的▲▲按钮,可以缩小图像的显示比例;单击滑块右侧的▲▲按钮,可以放大图像的显示比例。直接在最左侧的文本框中输入数值并按【Enter】键确认,也可以改变图像的显示比例。

1.6 撤销和恢复操作

在 Photoshop CC 中提供了"恢复"、"还原"、"重做"、"向前一步"和"后退一步"等命令,可以帮助用户撤销一些错误的操作或重做撤销的操作。

1.6.1 使用"恢复"命令恢复最近操作

单击"文件"|"恢复"命令,可以返回到最近一次保存文件时图像的状态。但是,如果刚刚对文件进行了保存操作,或当前文件从来没有保存到磁盘,则"恢复"命令不可用。

1.6.2 使用"还原"与"重做"命令灵活编辑

单击"文件"|"还原"命令,可以向后退一步编辑操作;单击"编辑"|"重做"命令,可以重做被还原的操作。"还原"与"重做"命令交互显示在"编辑"菜单中。执行过"还原"命令后,在"编辑"菜单中将显示"重做"命令,反之亦然,如下图所示。

编辑(E) 图像(I) 图层(L) 文字(Y) 选择(S)		编辑(E) 图像(I) 图层(L) 文字(Y) 选择(S)
还原画笔工具(O)	Ctrl+Z	重做画笔工具(O)	Ctrl+Z
前进一步(W)	Shift+Ctrl+Z	前进一步(W)	Shift+Ctrl+Z
后退一步(K)	Alt+Ctrl+Z	后退一步(K)	Alt+Ctrl+Z

需要注意的是,随着操作的不同,菜单栏中"还原"和"重做"命令的显示略有不同,如下图所示。

编辑(E) 图像(I) 图层(L) 文字(Y) 选择(S)		编辑(E) 图像(I) 图层(L) 文字(Y) 选择(S)
还原快速选择(O)	Ctrl+Z	还原模糊工具(O)	Ctrl+Z
前进一步(W)	Shift+Ctrl+Z	前进一步(W)	Shift+Ctrl+Z
后退一步(K)	Alt+Ctrl+Z	后退一步(K)	Alt+Ctrl+Z

执行快速选择后的菜单    使用模糊工具后的菜单

1.6.3 使用"后退一步"与"前进一步"命令自动操作

单击"编辑"|"后退一步"命令,可以将对图像进行的操作向后返回一次,多次选择此命令可以逐步取消已经进行的操作。

单击"编辑"|"后退一步"命令后,"前进一步"命令将被激活。单击"前进一步"命令,可以向前重做已经被后退的操作。

按【Ctrl+Shift+Z】组合键,可以连续执行前进一步操作;按【Ctrl+Alt+Z】组合键,可以连续执行后退一步操作。

1.6.4 使用"历史记录"面板恢复操作

"历史记录"面板主要用于记录操作方法，一个图像从打开后开始，对图像进行的任何操作都会记录在"历史"面板中。

使用"历史记录"面板可以帮助使用者恢复到之前所操作的任意一个步骤。单击"窗口"|"历史记录"命令，即可打开"历史记录"面板。在当前没有新建或打开任何图像的情况下，"历史记录"面板显示为空白。新建或打开图像后，该面板就会记录用户所做的每一步操作，显示方式为"图标 + 操作名称"，从而使用户可以清楚地看出当前图像曾经执行的操作，如下图所示。

默认情况下，"历史记录"面板只记录最近 20 步的操作。若要改变记录步骤的数量，可以单击"编辑"|"首选项"|"性能"命令，在弹出的"首选项"对话框的"历史记录状态"数值框中改变默认的参数值，如下图所示。

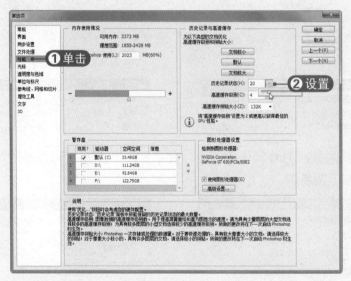

在进行了一系列的操作后，若想退回至某一个历史状态，只需在"历史记录"面板中单击该历史记录的名称即可。此时，在"历史记录"面板中所选历史记录后面的所有操作都将以灰度显示，如下图所示。

若想随时恢复到图像的某个编辑状态，而不受记录步骤的限制，可以在当时的编辑状态下单击"历史记录"面板下方的"创建新快照"按钮，此时在"历史记录"面板的上方将会出现一个快照，它记录了图像的当前编辑状态，不管以后执行了多少步操作，只要单击该快照即可将图像恢复到该状态，如下图所示。

1.7 设置前景色与背景色

在 Photoshop CC 中进行数码照片处理，选择正确的颜色是至关重要的，因此设置前景色和背景色是必不可少的操作。而设置前景色和背景色最方便的方法就是使用工具箱中的"设置前景色"和"设置背景色"色块。

前景色又称为作图色，背景色又称为画布色。默认情况下，前景色为黑色，背景色为白色。工具箱下方的颜色设置区域主要由设置前景色色块、设置背景色色块、"切换前景色和背景色"按钮及"默认前景色和背景色"按钮组成，如下图所示。

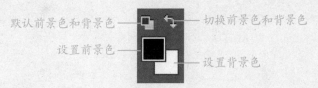

无论单击"设置前景色"色块还是"设置背景色"色块，都可以弹出"拾色器"对话框，如下图所示。

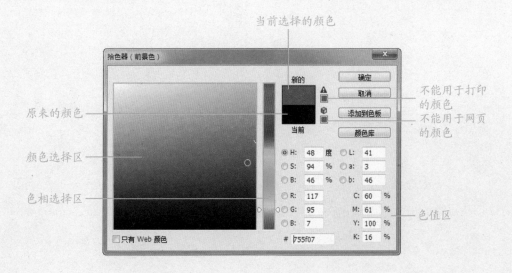

在"拾色器"对话框的颜色选择区域中单击任何一点即可选择一种颜色。如果拖动颜色选择条上的三角形滑块，可以选择不同颜色范围中的颜色。

若需要选择网络安全颜色，可以在"拾色器"对话框中选中"只有 Web 颜色"复选框。在该复选框被选中的情况下，"拾色器"对话框如下图所示。在此状态下可以直接选择能够正确显示于互联网上的颜色。

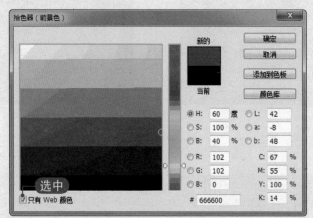

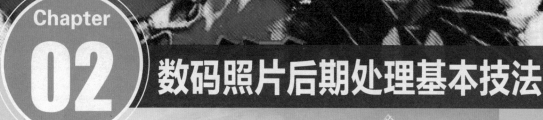

Chapter

02 数码照片后期处理基本技法

在开始学习使用 Photoshop 处理数码照片之前，首先要学会数码照片处理的一些基本技法，如更改照片画布尺寸、校正照片色调、锐化模糊的照片和调整曝光不足的照片等。本章将对这些数码照片后期处理的基本技法进行详细介绍。

2.1 数码照片的裁剪与尺寸调整

针对不同数码照片的不同用途，往往会对数码照片的大小、角度和分辨率等属性有不同的要求。下面介绍几种修改数码照片基本属性的方法，这也是处理数码照片的第一步操作。

2.1.1 旋转和变换数码照片

使用数码相机竖向拍摄的照片都是平躺着放置的。在 Photoshop 中可以旋转或翻转这些照片，将其恢复为正常的显示效果。下面将通过实例介绍旋转照片的方法，具体操作方法如下：

01 打开素材文件

单击"打开"|"文件"命令，打开"光盘：素材 \02\ 喝茶 .jpg"，如下图所示。

02 旋转照片

单击"图像"|"图像旋转"|"90 度（顺时针）"命令，即可将照片逆时针旋转，如下图所示。

03 调整画布大小

单击"图像"|"画布大小"命令，在弹出的对话框中设置各项参数，在"定位"区域中单击➡按钮，然后单击"确定"按钮，如下图所示。

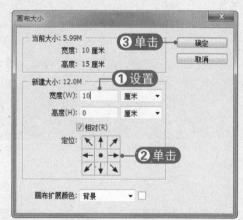

04 创建矩形选区

选择矩形选框工具▣，在女孩图像上按住鼠标左键并拖动，创建矩形选区，如下图所示。

05 复制并翻转照片

按【Ctrl+J】组合键，复制选区内的图像。单击"编辑"|"变换"|"水平翻转"命令，将照片水平翻转，如下图所示。

06 移动图像

选择移动工具，在图像窗口中拖动鼠标移动复制图像的位置，如下图所示。

2.1.2 快速校正倾斜的照片

在使用数码相机拍照的过程中，难免会出现由于拍摄角度误差而造成照片中景物倾斜的状况，在 Photoshop 中可以很轻松地校正倾斜的照片。下面将通过实例介绍校正倾斜照片的方法，具体操作方法如下：

01 打开素材文件

单击"打开"|"文件"命令，打开"光盘：素材 \02\ 风车 .jpg"，如下图所示。

03 旋转图像

单击"图像"|"图像旋转"|"任意角度"命令，在弹出的"旋转画布"对话框中使用默认参数值，单击"确定"按钮，如下图所示。

02 绘制测量线

选择标尺工具，在照片中寻找应该是水平的两个点，按住鼠标左键并拖动，绘制一条测量线，如下图所示。

04 裁剪照片

此时即可看到照片中的景物已经旋转为水平，但照片周围出现了空白部分。选择裁剪工具▣，拖出一个裁剪框，将空白部分裁掉，如右图所示。

2.1.3 调整照片画布的大小

"画布"可以理解为在 Photoshop 中用于绘画的画纸。在 Photoshop CC 中增加操作区域并不是增加图像的大小，而是增加画布的大小。下面将通过实例介绍更改照片画布尺寸的方法，具体操作方法如下：

01 打开素材文件

单击"文件"|"打开"命令，打开"光盘：素材\02\小猫.jpg"，如下图所示。

02 查看画布大小

单击"图像"|"画布大小"命令，在弹出的"画布大小"对话框中可以查看当前画布的大小，如下图所示。

03 更改画布大小

在"画布大小"对话框中设置新的参数值，单击"确定"按钮，即可更改照片的画布尺寸，如下图所示。

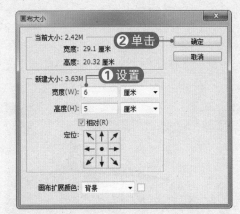

04 查看画布效果

此时画布宽度和高度都增加了，所扩展的画布区域被填充为当前背景色白色，如下图所示。

2.1.4 调整数码照片的大小

在将拍摄的数码照片上传到网络上时，往往会碰到因照片文件过大而弹出无法上传的提示。这个问题可以通过更改照片的像素数量和存储格式来解决。数码照片的大小和质量与其像素多少和分辨率有着非常密切的关系。下面将通过实例介绍改变数码照片大小的方法，具体操作方法如下：

01 打开素材文件

单击"文件"|"打开"命令，打开"光盘：素材 \02\ 花 .jpg"，如下图所示。

03 设置图像大小

单击"图像"|"图像大小"命令，弹出"图像大小"对话框。在"宽度"文本框中输入 30，其余数值也会发生变化，然后单击"确定"按钮，如下图所示。

02 100% 显示图像

双击工具箱中的缩放工具，将图像以 100% 的比例显示，可以看到图像窗口不能全部显示该图像，如下图所示。

04 查看图像效果

此时在工作区中进行查看，该图像的大小和尺寸都已经明显缩小了，如下图所示。

2.1.5 裁剪数码照片突出主体

裁剪照片是重新构图的一种方式。在拍摄照片的过程中，难免会出现构图不合理的作品，以致影响照片主题的表达。因此，在后期处理照片时往往需要通过裁剪操作重新构图。

下面将通过实例详细介绍裁剪照片的方法，具体操作方法如下：

01 打开素材文件

打开"光盘：素材 \02\ 清新小花 .jpg"，如下图所示。这幅照片拍摄了一朵花，画面因为过于平均而显得有些平淡。

02 创建裁剪区域

选择裁剪工具，在图像中按住鼠标左键并拖动，创建裁剪区域。创建裁剪区域后，被裁减掉的部分将变暗，如下图所示。

03 调整裁剪框

按四个方向键可以逐个像素地微调裁剪框的位置。拖动裁剪框的控制点，可以调整裁剪框的大小，如下图所示。

04 查看裁剪效果

按【Enter】键确定裁剪操作，即可得到裁剪后的照片效果，如下图所示。

2.1.6 内容识别填充图像

使用"内容识别"功能能够快速填充一个选区，用于填充这个选区的像素是通过感知该选区周围的内容得到的，使填充结果看上去像是真的一样，具体操作方法如下：

01 打开素材文件

单击"打开"|"文件"命令，打开"光盘：素材 \02\ 城市夜景 .jpg"，如下图所示。

02 创建选区

选择套索工具，按住【Shift】键的同时拖动鼠标，在乌云的周围创建选区，如下图所示。

⑬ 设置内容识别

单击"编辑"|"填充"命令，在弹出的对话框中设置"内容"为"内容识别"，单击"确定"按钮，如下图所示。

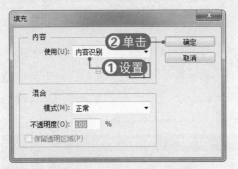

⑭ 查看填充效果

按【Ctrl+D】组合键取消选区，可以看到画面中选区内的图像被填充为与周围相似的内容，如下图所示。

2.1.7 移动指定图像的位置

使用内容感知移动工具可以将选中的对象移动或扩展到图像的其他区域，然后重组和混合对象，从而产生出色的视觉效果，具体操作方法如下：

⑪ 复制图层

打开"光盘：素材 \02\ 火烈鸟 .jpg"，按【Ctrl+J】组合键复制"背景"图层，得到"图层 1"，如下图所示。

⑬ 移动图像

将鼠标指针放在选区内，单击并向画面左方拖动鼠标，如下图所示。

⑫ 创建选区

选择内容感知移动工具，在工具属性栏中将"模式"设置为"扩展"，在火烈鸟周围拖动鼠标创建选区，如下图所示。

⑭ 取消选区

释放鼠标，选区中的火烈鸟被完美地复制到新位置，按【Ctrl+D】组合键取消选区，如下图所示。

2.1.8 内容识别比例缩放图像

由于数码相机拍摄尺寸和照片冲洗尺寸通常无法吻合，所以在数码照片冲洗店冲洗照片时，必定会被"残忍"地裁去一大截照片中精彩的内容，给照片冲洗带来遗憾。使用内容识别比例缩放工具，只要简单地拖动鼠标就可以完美实现无损裁剪，具体操作方法如下：

01 打开素材文件

单击"打开"|"文件"命令，打开"光盘：素材 \02\ 小男孩 .jpg"，如下图所示。

02 转换背景图层

内容识别比例缩放不能处理"背景"图层。按住【Alt】键双击"背景"图层，得到"图层 0"，如下图所示。

03 变换图像

单击"编辑"|"内容识别比例"命令，显示变换框。拖动控制点向右进行缩放，发现图像已经严重变形，如下图所示。

04 自动分析图像

单击属性栏中的"保护肤色"按钮，Photoshop 会自动分析图像，按【Enter】键确定变换，如下图所示。

05 裁切多余图像

单击"图像"|"裁切"命令，在弹出的对话框中选中"透明像素"单选按钮，然后单击"确定"按钮，如下图所示。

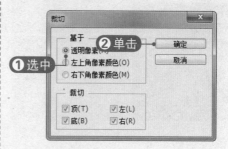

06 查看裁剪效果

此时，照片中多余的透明像素已经被裁剪掉，查看照片最终效果，如下图所示。

2.2 数码照片的基本修饰与修复

每个摄影爱好者都曾遇到过拍摄的照片曝光不足或曝光过度、失真、模糊、噪点过多等问题。对于这样的问题，除了尽量提高自己的摄影技术外，还可以使用 Photoshop 软件对其进行处理，尽量得到更加理想的摄影作品。

2.2.1 去除照片中的拍摄日期

为照片影像添加日期，有的是为了记录照片拍摄资料，有的是为了日后欣赏有所依凭，但这种日期会影响画面的整体效果。下面将介绍如何使用 Photoshop 去除照片中的拍摄日期，具体操作方法如下：

01 打开素材文件

单击"文件"|"打开"命令，打开"光盘：素材 \02\ 照片 .jpg"，如下图所示。

02 放大区域

按【Ctrl+J】组合键复制"背景"图层，得到"图层 1"。按【Ctrl++】组合键，将图像左下角的日期区域放大，如下图所示。

03 去除日期

选择仿制图章工具，按住【Alt】键在日期旁边单击取样。松开【Alt】键，涂抹日期，如下图所示。

04 查看去除效果

用同样的方法多次取样并涂抹日期区域，即可去除照片中的日期，如下图所示。

2.2.2 调整灰蒙蒙的照片

使用数码相机拍摄出的照片有时总是灰蒙蒙的，像是蒙了一层薄雾。下面将通过实例介绍如何将灰蒙蒙的照片调整得逼真、透亮，具体操作方法如下：

01 打开素材文件

单击"文件"|"打开"命令，打开"光盘：素材 \02\ 灰蒙蒙 .jpg"，如下图所示。可以看到此照片给人感觉灰蒙蒙的，非常平淡。

02 设置图层混合模式

按【Ctrl+J】组合键，得到"图层 1"，将其图层混合模式设置为"柔光"，此时照片对比度得到了增强，画面效果得到了改善，如下图所示。

03 合并图层

按【Ctrl+E】组合键，合并"图层 1"到"背景"图层。按【Ctrl+J】组合键，得到"图层 1"，如下图所示。

04 设置图层混合模式

同样将"图层 1"的图层混合模式设置为"柔光"，此时可以看到图像更亮了，但阴影部分过于浓重，如下图所示。

05 应用"高反差保留"滤镜

单击"滤镜"|"其他"|"高反差保留"命令，在弹出的对话框中设置"半径"为 260，单击"确定"按钮，如下图所示。

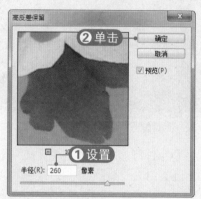

06 查看最终效果

此时即可得到比较理想的效果，相比原来雾蒙蒙的照片，现在显得生动了许多，如下图所示。

2.2.3 自动校正照片色调

若要自动校正照片的颜色,可以通过"自动色调"、"自动对比度"和"自动颜色"命令对照片的色彩与色调进行调整,以恢复照片原始的色调层次感。下面将通过实例介绍校正照片色调的方法,具体操作方法如下:

01 打开素材文件

单击"文件"|"打开"命令,打开"光盘:素材 \02\ 肉肉植物 .jpg",如下图所示。

03 调整对比度

单击"图像"|"自动色调"命令,自动调整照片的对比度效果,如下图所示。

02 复制图层

按【Ctrl+J】组合键复制"背景"图层,得到"图层 1",如下图所示。

04 调整色调

单击"图像"|"自动颜色"命令,即可自动调整照片的颜色倾向,如下图所示。

2.2.4 制作怀旧黑白照片效果

黑白照片往往能表现出独特的怀旧效果,若想快速地把彩色照片调整为黑白照片,可以通过应用"去色"命令去除图像中选定区域或整幅图像的颜色值,从而将其转换为灰度图像,具体操作方法如下:

01 复制图层

打开"光盘:素材 \02\ 黑白 .jpg",将"背景"图层拖至"创建新图层"按钮 上,得到"背景 拷贝"图层,如右图所示。

02 为照片去色

单击"图像"|"调整"|"去色"命令，去掉照片的颜色，即可将数码照片转换为黑白图像，如下图所示。

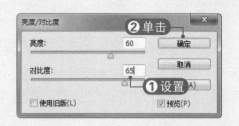

03 增加对比度

单击"图像"|"调整"|"亮度 / 对比度"命令，在弹出的对话框中设置亮度和对比度，单击"确定"按钮，如下图所示。

04 查看照片效果

此时即可增强灰度照片的对比色调，最终效果如下图所示。

2.2.5 调整曝光不足的照片

在光线不足的情况下拍摄照片很容易出现曝光不足的情况，从而导致照片画面比较阴暗。在 Photoshop 中调整曝光不足的方法很多，下面将使用"阴影 / 高光"命令进行调整，具体操作方法如下：

01 复制图层

打开"光盘：素材 \02\ 曝光不足 .jpg"，按【Ctrl+J】组合键，复制"背景"图层，得到"图层 1"，如下图所示。

02 调整阴影参数

单击"图像"|"调整"|"阴影 / 高光"命令，在弹出的对话框中选中"显示更多选项"复选框，设置各项参数，然后单击"确定"按钮，如下图所示。

03 调整亮度 / 对比度

单击"图像"|"调整"|"亮度 / 对比度"命令，在弹出的对话框中设置各项参数，单击"确定"按钮，如下图所示。

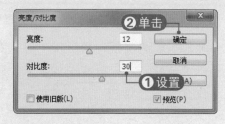

04 查看照片效果

此时原本灰暗的照片就会变亮,最终效果如右图所示。

2.2.6 处理曝光过度的照片

在光线过于强烈的情况下拍摄照片往往会出现曝光过度的现象,此时照片由于缺少灰色调而表现为整体苍白,对比度较小。调整曝光过度的方法也很多,下面使用"曲线"命令对照片进行调整,具体操作方法如下:

01 打开素材文件

单击"文件"|"打开"命令,打开"光盘:素材\第2章\曝光过度.jpg",如下图所示。

02 添加调整图层

单击"图层"面板下方的"创建新的填充或调整图层"按钮,选择"曲线"命令,如下图所示。

03 调整曲线

在"曲线"面板中设置"预设"为"较暗",图像整体都变暗了一些,如下图所示。

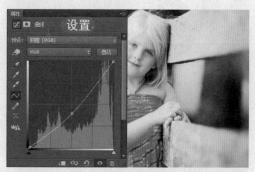

04 调整色阶

同样添加一个"色阶"调整图层,并设置"预设"为"中间调较暗",此时照片过度曝光情况得到了明显改善,如下图所示。

2.2.7 去除照片中的噪点

由于相机品质、拍摄环境等多种因素的影响，可能会出现拍摄出来的照片布满一些细小糙点的情况，看起来就像照片被弄脏了一样。如果将原图像放大，就会出现本来没有的颜色（假色），这种假色就是图像噪点。使用"减少杂色"滤镜可以去除照片中的噪点，具体操作方法如下：

01 打开素材文件

单击"文件"|"打开"命令，打开"光盘：素材 \02\ 噪点 .jpg"，如下图所示。

02 复制图层

按【Ctrl+J】组合键复制"背景"图层，得到"图层 1"，如下图所示。

03 应用"减少杂色"滤镜

单击"滤镜"|"杂色"|"减少杂色"命令，在弹出的对话框中选中"高级"单选按钮。设置各项参数，锐化照片因移去噪点而产生的模糊，如下图所示。

04 设置"红"通道

单击"每通道"选项卡，在"通道"中选择"红"通道。设置"强度"为1，"保留细节"为 10%，如下图所示。

05 设置"绿"通道

在"通道"中选择"绿"通道，设置"强度"为1，"保留细节"为 5%，如下图所示。

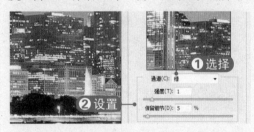

06 设置"蓝"通道

在"通道"中选择"蓝"通道，设置"强度"为1，"保留细节"为 10%，单击"确定"按钮，如下图所示。

07 查看照片效果

此时可以看到图像的噪点效果已经有了一定的改善，如下图所示。

08 重复操作

按三次【Ctrl+F】组合键，再次执行"减少杂色"滤镜，可以看到照片的噪点改善效果更佳，如下图所示。

2.2.8 锐化模糊的照片

在拍摄照片时，如果手持相机不稳或对焦不准，有时会导致拍摄的照片发虚。如果只是轻微的模糊，可以使用 Photoshop 中的"USM 锐化"滤镜锐化模糊的照片，具体操作方法如下：

01 复制图层

打开"光盘：素材 \02\ 模糊 .jpg"，按【Ctrl+J】组合键复制"背景"图层，得到"图层 1"，如下图所示。

02 应用"USM 锐化"滤镜

单击"滤镜"|"锐化"|"USM 锐化"命令，在弹出的对话框中设置各项参数，单击"确定"按钮，如下图所示。

03 设置图层混合模式

设置"图层 1"的图层混合模式为"变亮"，可以看到照片已经得到一定程度的锐化，变得清晰起来，如下图所示。

04 转换颜色模式

单击"图像"|"模式"|"Lab 模式"命令，在弹出的提示信息框中单击"拼合"按钮。按【Ctrl+J】组合键，得到"图层 1"，如下图所示。

05 选择"明度"通道

单击"窗口"|"通道"命令，调出"通道"面板，选择"明度"通道，如下图所示。

06 应用"USM 锐化"滤镜

单击"滤镜"|"锐化"|"USM 锐化"命令，在弹出的对话框中设置各项参数，然后单击"确定"按钮，如下图所示。

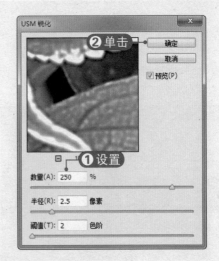

07 单击 Lab 通道

在"通道"面板中单击 Lab 通道，可以看到照片的清晰度变强，如下图所示。

08 设置图层混合模式

设置"图层 1"的图层混合模式为"柔光"，设置"不透明度"为 50%，此时照片颜色也变得更加艳丽，如下图所示。

2.2.9　处理严重模糊的照片

"防抖"滤镜是 Photoshop CC 的新增功能，使用该滤镜可以减少由某些相机运动类型产生的模糊，包括线性运动、弧形运动、旋转运动和 Z 字形运动。使用"防抖"滤镜处理严重模糊照片的具体操作方法如下：

01　复制图层

单击"文件"|"打开"命令，打开"光盘：素材 \02\ 花猫 .jpg"。按【Ctrl+J】组合键，复制"背景"图层，如下图所示。

02　放大照片

单击"滤镜"|"锐化"|"防抖"命令，弹出对话框，选择缩放工具，在预览窗口中单击将照片放大，如下图所示。

03　设置防抖选项

拖动预览窗口中的控制框至合适的位置。在右侧设置各项参数值，单击"确定"按钮，如下图所示。

04　查看设置效果

此时，图像中原来模糊的小猫已经变得非常清晰，并添加了锐化效果，如下图所示。

2.2.10　拼接分开扫描的照片

如果是用小型扫描仪扫描大型的照片，每次只能扫描图像的一部分，扫描后若希望将其恢复为一张完整的照片，则可以使用 Photoshop CC 的图层功能进行拼接。本实例将介绍如何拼接分开扫描的照片，具体操作方法如下：

01 打开素材文件

单击"文件"|"打开"命令,打开"光盘:素材 \02\ 西湖 1.jpg",如下图所示。

02 调整画布大小

单击"图像"|"画布大小"命令,在弹出的对话框中设置参数。在"定位"选项区中单击按钮,单击"确定"按钮,如下图所示。

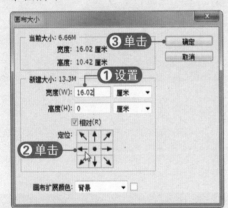

03 放大画布

此时即可看到图像的画布已经被放大了,如下图所示。

04 打开素材文件

单击"文件"|"打开"命令,打开"光盘:素材 \02\ 西湖 2.jpg",如下图所示。

05 拖入图像

选择移动工具,按住【Shift】键的同时将"西湖 2"拖至"西湖 1"文档窗口中,如下图所示。

06 调整图层不透明度

此时"图层 1"的"不透明度"为100%。为了方便操作,将"图层 1"的"不透明度"设置为 50%,如下图所示。

07 移动图像

使用移动工具移动图像,找到两个图像重叠的部分,然后按键盘上的四个方向键,可以更加精确地移动图像,如下图所示。

08 恢复图层不透明度

将"图层1"的"不透明度"再次设置为100%，可以看到整张照片拼合得很完美，如下图所示。

09 裁切图像

单击"图像"|"裁切"命令，在弹出的对话框中选中"右下角像素颜色"单选按钮，然后单击"确定"按钮，如下图所示。

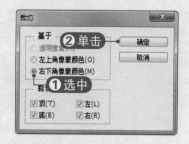

10 查看拼接效果

此时即可看到图像的空白区域被裁掉，完成了扫描照片的拼接操作，最终效果如下图所示。

Chapter

03

人像照片的美容与修饰

人像是最为常见的数码摄影题材，而人像后期处理所需的知识面广、技术难度也较大，最能体现设计者数码照片后期处理的功力。本章将详细介绍人物数码照片修饰与处理的技巧，其中包括人物脸部美容、人物眉毛修饰、人物眼部美容、人物鼻部美容、人物嘴部美容等。

3.1 人物脸部的美容

脸型是人最直接、最明显的外观，不同的脸型有不同的美感。下面将详细介绍在 Photoshop 中如何对人物的脸型进行修整。

3.1.1 塑造完美鹅蛋脸型

小巧的脸型常常使人显得非常精致、秀气，因此越来越多的明星通过动手术来瘦脸。对于普通人来说，可以通过 Photoshop 来给自己的照片瘦脸，体验不同的感觉，具体操作方法如下：

01 复制图层

打开"光盘：素材 \03\ 瘦脸 .jpg"，按【Ctrl+J】组合键，复制"背景"图层，得到"图层 1"，如下图所示。

02 冻结图像

单击"滤镜"|"液化"命令，弹出对话框，选择冻结蒙版工具，在人物的眼睛、鼻子和嘴上进行涂抹将其冻结，如下图所示。

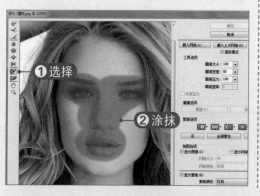

03 变形脸部

选择向前变形工具，在"工具选项"区域中设置参数，在人物脸部边缘向里拖动鼠标进行变形操作，单击"确定"按钮，如下图所示。

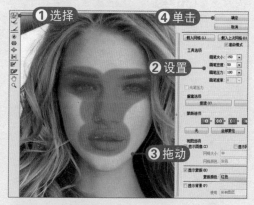

04 查看瘦脸效果

此时即可在图像窗口中查看人物瘦脸后的效果，如下图所示。

3.1.2 打造小巧尖下巴

现在是拥有尖脸尖下巴女人的天下，看看现在正走红的女星们的脸型仿佛是一个"模子"里刻出来的，尖尖的下巴会让人物形象显得惹人怜爱。下面将详细介绍如何为照片中的人物打造尖下巴效果，具体操作方法如下：

01 打开素材文件

单击"文件"|"打开"命令，打开"光盘：素材 \03\ 尖下巴 .jpg"，如下图所示。

02 创建选区

按【Ctrl++】组合键放大图像，选择套索工具 ，在人物的下巴上拖动鼠标创建选区，如下图所示。

03 羽化选区

按【Shift+F6】组合键，弹出"羽化选区"对话框，设置"羽化半径"为 3 像素，单击"确定"按钮，如下图所示。

04 复制并调整图像

按【Ctrl+J】组合键，复制选区内的图像，得到"图层 1"。按【Ctrl+T】组合键，调整下巴的大小，如下图所示。

05 移动图像

双击确定变换，然后选择移动工具 ，将下巴图像移至合适的位置，如下图所示。

06 放大下巴

选择"背景"图层，单击"滤镜"|"液化"命令，在弹出的对话框中选择缩放工具 ，将人物下巴部分放大，如下图所示。

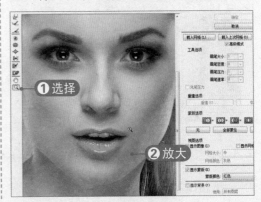

07 变形图像

向前变形工具，设置工具参数，移动鼠标指针到人物脸部边缘，向里拖动鼠标进行变形操作，单击"确定"按钮，如下图所示。

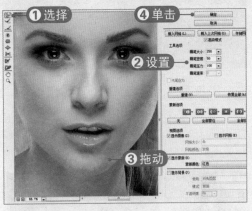

08 融合图像

选择"图层1"，按【Ctrl+T】组合键调出变换控制框，根据"背景"图层调整"图层1"的大小和位置，使其完美融合，如下图所示。

3.1.3 添加红润的腮红

腮红，又称为胭脂，使用后会使面颊呈现健康、红润的颜色。如果说眼妆是脸部彩妆的焦点，口红是化妆包里不可或缺的要件，那么腮红就是修饰脸型、美化肤色的最佳工具。下面将介绍如何为照片人物添加腮红，具体操作方法如下：

01 打开素材文件

单击"文件"|"打开"命令，打开"光盘：素材 \04\ 腮红 .jpg"，如下图所示。

03 填充选区

设置前景色为RGB（245，139，156），按【Alt+Delete】组合键填充选区，然后按【Ctrl+D】组合键取消选区，如下图所示。

02 创建选区

按【Ctrl+Shift+N】组合键，新建"图层1"。选择椭圆选框工具，在图像中拖动鼠标创建选区，如下图所示。

04 应用"高斯模糊"滤镜

单击"滤镜"|"模糊"|"高斯模糊"命令,在弹出的对话框中设置"半径"为100像素,单击"确定"按钮,如下图所示。

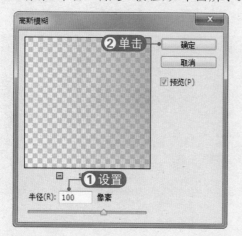

05 调整腮红

按【Ctrl+T】组合键,调整腮红的大小和位置。设置"图层1"的"不透明度"为35%,可以看到图像中人物的腮红已经变得十分自然,如下图所示。

06 添加另一边腮红

用同样的方法添加另一边的腮红,并用橡皮擦工具 去除多余的部分,最终效果如下图所示。

3.1.4 为男性添加魅力胡茬

胡子是男人成熟的标志,留有恰当的胡子可以增加男人的风采。下面将介绍如何为照片人物添加胡子,具体操作方法如下:

01 打开素材文件

单击"文件"|"打开"命令,打开"光盘:素材\04\胡子.jpg",如下图所示。

02 绘制图像

设置前景色为 RGB(139,138,138)。

按【Ctrl+Shift+N】组合键,新建"图层1"。选择画笔工具 ,在图像中拖动鼠标绘制图像,如下图所示。

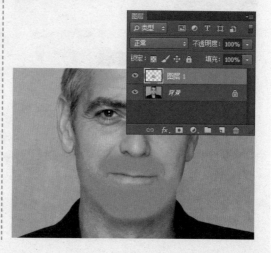

03 应用"添加杂色"滤镜

单击"滤镜"|"杂色"|"添加杂色"命令，在弹出的对话框中设置"数量"为20%，单击"确定"按钮，如下图所示。

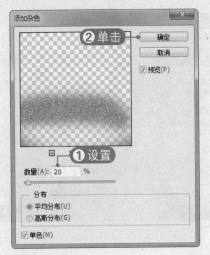

04 查看图像效果

此时可以看到在图像中绘制的图像已经添加了杂色，如下图所示。

05 创建选区

选择椭圆选框工具 ，在图像中拖动鼠标创建选区，并将其调整至合适的位置，如下图所示。

06 应用"径向模糊"滤镜

单击"滤镜"|"模糊"|"径向模糊"命令，在弹出的对话框中设置参数，单击"确定"按钮，如下图所示。

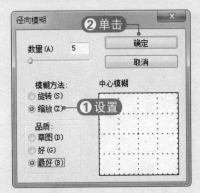

07 查看径向模糊效果

按【Ctrl+D】组合键取消选区，此时即可查看图像径向模糊的效果，如下图所示。

08 添加图层蒙版

设置"图层1"的图层混合模式为"正片叠底"，单击"添加图层蒙版"按钮 ，为"图层1"添加图层蒙版，如下图所示。

09 编辑蒙版

设置前景色为黑色，选择画笔工具 ![]，设置合适的不透明度，对蒙版进行编辑操作，隐藏部分图像，如下图所示。

10 设置图层不透明度

设置"图层 1"的"不透明度"为 80%，即可得到更加自然的胡子效果，如下图所示。

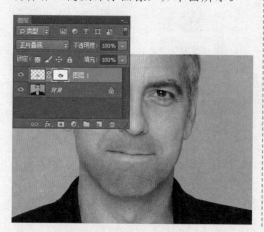

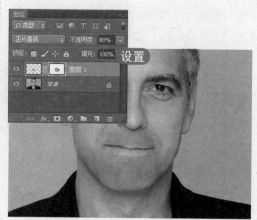

3.2 人物眉毛的修饰

眉毛的形状对脸型影响极大，任何一款妆容都不能忽略眉妆的重要性。适当地强调眉毛会让人看上去更精神，而且能修饰脸型。下面将详细介绍如何在 Photoshop 中对人物眉毛部分进行精修。

3.2.1 修饰人物的眉毛

未经过修饰的眉毛往往杂乱无章，十分影响美感。对人物的眉毛适当地进行修饰，可以让照片中的人物显得更加精神。下面将通过实例介绍如何为人物修眉，具体操作方法如下：

01 打开素材文件

单击"文件"|"打开"命令，打开"光盘：素材\03\修眉.jpg"，如下图所示。

02 复制图像

按【Ctrl++】组合键放大图像，按【Ctrl+J】组合键复制图像，得到"图层 1"，如下图所示。

03 绘制路径

选择钢笔工具✎，绘制一条闭合路径。按【Ctrl+Enter】组合键，将路径转换为选区，如下图所示。

04 羽化选区

按【Shift+F6】组合键，弹出"羽化选区"对话框，设置"羽化半径"为2像素，单击"确定"按钮，如下图所示。

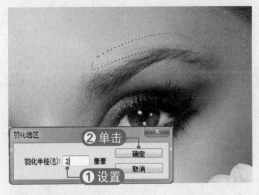

05 修饰眉毛

选择仿制图章工具🎍，在属性栏中选择柔边画笔，按住【Alt】键在选区中眉毛附近皮肤上选择取样点，在眉毛杂边上拖动鼠标将其去除，如下图所示。

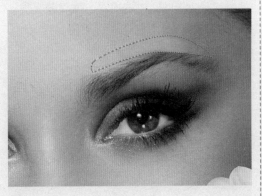

06 去除眉毛杂边

按【Ctrl+D】组合键取消选区。按照同样的方法绘制路径，并转换为选区，然后使用仿制图章工具🎍去除眉毛杂边，如下图所示。

07 继续修饰

继续使用前面介绍的方法进行修眉，直至达到理想的效果，如下图所示。

08 修饰另一眉毛

同样对另一眉毛进行修饰，并使用加深工具和减淡工具对细节进行处理，即可得到最终效果，如下图所示。

3.2.2 处理稀疏的眉毛

纹眉可以增加眉毛的浓密感，增加人像面部的整体美感，适用于先天眉毛稀疏或后天眉毛部分缺失以及眉形不佳的人。下面将通过实例介绍如何为人物纹眉，具体操作方法如下：

01 打开素材文件

打开"光盘：素材\03\纹眉.jpg"，照片中的人物眉毛很淡，需要为其纹眉，如下图所示。

02 绘制路径

选择缩放工具🔍，放大图像。选择钢笔工具✐，绘制眉毛的轮廓路径。按【Ctrl+Enter】组合键，将路径转换为选区，如下图所示。

03 羽化选区

按【Shift+F6】组合键，弹出"羽化选区"对话框，设置"羽化半径"为2像素，单击"确定"按钮，如下图所示。

04 填充选区

单击"创建新图层"按钮🔳，新建"图层1"。设置前景色为RGB（109，61，59），按【Alt+Delete】组合键填充选区，如下图所示。

05 设置图层混合模式

按【Ctrl+D】组合键取消选区。将"图层1"的混合模式设置为"正片叠底"，设置"不透明度"为40%，如下图所示。

06 应用"添加杂色"滤镜

单击"滤镜"|"杂色"|"添加杂色"命令,弹出"添加杂色"对话框,设置"数量"为2%,单击"确定"按钮,如下图所示。

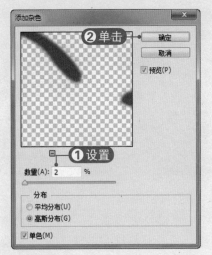

08 查看最终效果

去除眉毛周围的一些杂毛后,即可得到为人物纹眉的最终效果,如下图所示。

07 合并图层

按【Ctrl+E】组合键,合并"图层1"到"背景"图层。使用仿制图章工具 对眉毛的细节进行处理,如下图所示。

3.3 人物眼部的美容

眼睛是心灵的窗户,当人与人接触时最先交流的是眼睛,眼睛最先体现一个人的气质。在一幅人物数码照片中,眼睛对人物的表达起着十分重要的作用。下面将详细介绍在 Photoshop 中对人物眼睛部分进行精修的技术。

3.3.1 为人物去除厚重的眼袋

眼袋总给人以老态龙钟的感觉,被人们冠上"美容杀手"的称号,因此如何消除眼袋也成为时尚女性所关注的焦点。下面将通过实例介绍如何消除照片人物的眼袋,具体操作方法如下:

01 复制图层

打开"光盘:素材\03\眼袋.jpg",按【Ctrl+J】组合键,复制"背景"图层,得到"图层1",如右图所示。

02 放大并移动图像

按【Ctrl++】组合键放大图像，用抓手工具 🖑 移动人物图像，使人物眼睛处于图像中央，以便于编辑操作，如下图所示。

03 设置取样点

选择修复画笔工具 ✐，按住【Alt】键的同时单击皮肤光滑处，设置取样点，如下图所示。

04 去除左眼眼袋

松开【Alt】键，在眼袋处进行涂抹，用采样处的皮肤替换眼袋处的皮肤，如下图所示。

05 去除右眼眼袋

用同样的方法去除另一只眼睛的眼袋，即可得到修补后的照片效果，如下图所示。

06 使用减淡工具

人物图像去除眼袋后显得略微有些发黑，需要对其进行减淡处理。选择减淡工具 🔍，在属性栏中设置参数，如下图所示。

07 去除左眼黑眼圈

在人物左眼的黑眼圈部分进行涂抹，减淡颜色，如下图所示。

54

08 去除右眼黑眼圈

用同样的方法去除右眼黑眼圈，即可得到最终效果，如右图所示。

3.3.2 为人物去除黑眼圈

人类身体上的皮肤以眼周围部分最薄，且黑色素活动非常旺盛，加上年龄增长、外来刺激等因素，很容易出现黑眼圈，十分影响美观。下面将通过实例介绍如何去除照片人物的黑眼圈，具体操作方法如下：

01 打开素材文件

单击"文件"|"打开"命令，打开"光盘：素材\03\黑眼圈.jpg"，如下图所示。

02 创建选区

按【Ctrl++】组合键放大图像，选择套索工具 ，在人物眼睛下面拖动鼠标创建选区，选中黑眼圈部分，如下图所示。

03 羽化选区

按【Shift+F6】组合键，弹出"羽化"

选区"对话框，设置"羽化半径"为5像素，单击"确定"按钮，如下图所示。

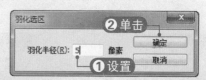

04 移动选区

将鼠标指针放在选区内，按住鼠标左键并拖动，将其移至脸部皮肤光滑白皙处，如下图所示。

05 移动图像

按【Ctrl+C】组合键复制选区内的图像，按【Ctrl+V】组合键粘贴图像，得到"图层 1"。选择移动工具 ➤ ，移动"图层 1"的位置，如下图所示。

06 调整图层不透明度

在"图层"面板中设置"图层 1"的"不透明度"为 50%，此时人物的黑眼圈部分已经被覆盖，如下图所示。

07 创建选区

按【Ctrl+E】组合键，合并"图层 1"到"背景"图层。选择修补工具 ，拖动鼠标选择人物眼睛下部不太自然的区域，如下图所示。

08 去除左眼黑眼圈

在选区内按住鼠标左键，将其拖至脸颊平滑皮肤处，用平滑的皮肤替代选区内的皮肤，如下图所示。

09 取消选区

按【Ctrl+D】组合键取消选区，即可得到去除人物左眼黑眼圈后的照片效果，如下图所示。

10 去除右眼黑眼圈

用同样的方法去除另一只眼睛的黑眼圈，即可得到去除人物黑眼圈的最终效果，如下图所示。

3.3.3 去除人物的红眼

在室内或较暗的光线下拍摄照片时，人眼中视网膜的血管由于反光往往会形成红眼或白眼现象，以至于影响照片的美观。下面将通过实例介绍如何消除照片人物的红眼，具体操作方法如下：

01 打开素材文件

单击"文件"|"打开"命令，打开"光盘：素材 \03\ 红眼 .jpg"，如下图所示。

02 放大图像

选择缩放工具，在图像窗口中按住鼠标左键并向右下方拖动，即可放大图像，如下图所示。

03 去除红眼

选择红眼工具，在属性栏中设置"瞳孔大小"和"变暗量"分别为 50%，然后在人物眼睛上单击鼠标左键，去除人物红眼，如下图所示。

04 查看最终效果

用同样的方法对另一只眼睛进行去除红眼操作，此时人物的眼睛变得清澈、自然，如下图所示。

3.3.4 提亮人物的眼睛

如果照片中人物的眼睛很大，但暗淡无光，则整个人会显得很没精神。拥有一双亮晶晶的眼睛，则会使人显得神采奕奕。本实例将介绍如何将照片人物的眼睛提亮，具体操作方法如下：

01 打开素材文件

单击"文件"|"打开"命令,打开"光盘:素材\03\提亮眼睛.jpg",如下图所示。

02 创建选区

按【Ctrl++】组合键放大图像,选择多边形套索工具,按住【Shift】键添加人物眼睛区域,如下图所示。

03 羽化选区

按【Shift+F6】组合键,弹出"羽化选区"对话框,设置"羽化半径"为3像素,单击"确定"按钮,如下图所示。

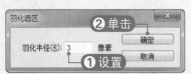

04 进行减淡操作

选择减淡工具,在属性栏中设置"范围"为"中间调"、"曝光度"为10%。在选区内拖动鼠标,将眼睛颜色减淡,如下图所示。

05 调整色阶

按【Ctrl+L】组合键,弹出"色阶"对话框,设置参数,增加眼睛的暗部和亮度颜色,提高对比度,单击"确定"按钮,如下图所示。

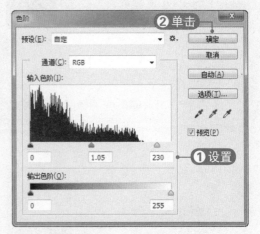

06 取消选区

按【Ctrl+D】组合键取消选区,即可得到调亮人物眼睛后的照片效果,如下图所示。

3.3.5 打造明亮大眼睛效果

拥有一双明亮的大眼睛，可以使人物显得更加活泼、动人。在现实生活中有的人眼睛较小，拍出的照片不够漂亮。下面将通过实例介绍如何打造明亮的大眼睛，具体操作方法如下：

01 打开素材文件

单击"文件"|"打开"命令，打开"光盘：素材 \03\ 大眼睛 .jpg"，如下图所示。

02 创建选区

按【Ctrl++】组合键放大图像，选择矩形选框工具▦，在人物的一只眼睛上拖动鼠标创建选区，如下图所示。

03 添加选区

按住【Shift】键，在人物的另一只眼睛上拖动鼠标添加选区，如下图所示。

04 羽化选区

按【Shift+F6】组合键，弹出"羽化

选区"对话框，设置"羽化半径"为 5 像素，单击"确定"按钮，如下图所示。

05 复制图像

按【Ctrl+J】组合键，复制选区内的图像，得到"图层 1"。单击"编辑"|"变换"|"缩放"命令，调出变换控制框，如下图所示。

06 调整眼睛位置与大小

拖动控制柄，调整眼睛的位置和大小，双击鼠标左键确定变换，即可得到放大人物眼睛后的效果，如下图所示。

3.3.6 添加炫彩美瞳效果

现在越来越多的年轻女性喜欢带美瞳来变换眼睛的颜色，以配合整体的妆容，但美瞳对眼睛的危害是显而易见的。下面将介绍通过非常简单的方法在 Photoshop 中打造出美瞳效果，具体操作方法如下：

01 打开素材文件

单击"文件"|"打开"命令，打开"光盘：素材 \03\ 美瞳 .jpg"，如下图所示。

02 编辑蒙版

按【Ctrl++】组合键放大图像。按【Q】键进入快速蒙版编辑模式，设置前景色为黑色，选择画笔工具，选择硬边圆笔刷，在人物眼睛上涂抹，如下图所示。

03 反选选区

按【Q】键退出快速蒙版编辑模式，按【Ctrl+Shift+I】组合键反选选区。单击"创建新图层"按钮，新建"图层 1"，如下图所示。

单击

04 填充选区

设置前景色为 RGB（55，231，14），按【Alt+Delete】组合键填充选区，按【Ctrl+D】组合键取消选区，如下图所示。

05 设置图层混合模式

在"图层"面板中设置"图层 1"的图层混合模式为"颜色"，设置"不透明度"为 60%，如下图所示。

❶设置　❷设置

⑥ 查看最终效果

选择橡皮擦工具 ，对人物眼球边缘溢出的绿色进行擦拭。按【Ctrl+-】组合键，查看整体效果，如右图所示。

3.4 人物鼻部的美容

鼻子是面部正中最突出的器官，其外形对人的容貌有很大的影响，所以鼻子外形有缺陷的人非常渴望得到改善与修复。下面将对数码照片中人物鼻子的修整方法进行介绍。

3.4.1 打造精巧小鼻翼

俗话说，"面如一枝花，全靠鼻当家"。漂亮女孩拥有一个小巧的鼻子会显得非常秀气，惹人怜爱。下面将介绍如何缩小照片人物的鼻翼，具体操作方法如下：

① 打开素材文件

单击"文件"|"打开"命令，打开"光盘：素材 \03\ 鼻翼 .jpg"，如下图所示。

② 绘制路径

选择钢笔工具 ，沿着鼻子两侧绘制路径。按【Ctrl+Enter】组合键，将路径转换为选区，如下图所示。

③ 羽化选区

按【Shift+F6】组合键，弹出"羽化选区"对话框，设置"羽化半径"为 3 像素，单击"确定"按钮，如下图所示。

04 复制图像

　　按【Ctrl+J】组合键，复制选区内的图像到"图层1"中。按【Ctrl+T】组合键，调出变换控制框，如下图所示。

05 缩小鼻子

　　向左拖动控制框右侧中间的控制点缩小鼻子，双击鼠标左键确认变换，如下图所示。

06 移动图像

　　选择移动工具，按住【Ctrl】键的同时按方向键，移动复制的鼻子到中间位置。按【Ctrl+E】组合键，合并"图层1"到"背景"图层，如下图所示。

07 选取图像

　　选择"背景"图层，选择套索工具，在鼻翼侧面选择鼻子多出来的部分，如下图所示。

08 填充图像

　　单击"编辑"|"填充"命令，在弹出的对话框中设置参数，单击"确定"按钮，如下图所示。

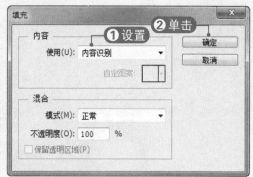

09 修复图像

　　选择仿制图章工具，对鼻翼两侧不自然的部分进行修复，如下图所示。

⑩ 锐化图像

选择"图层 1",选择锐化工具△,设置"画笔大小"为 38、"模式"为"正常"、"强度"为 20%,在鼻孔两侧拖动鼠标进行锐化处理,即可得到更自然的效果,如右图所示。

3.4.2 为人物打造挺拔鼻梁

鼻梁扁平会影响容貌的美丽,挺拔的鼻梁可以让整个面部充满立体感。下面将介绍如何为照片人物制作挺拔的鼻梁,具体操作方法如下:

① 打开素材文件

单击"文件"|"打开"命令,打开"光盘:素材 \03\ 鼻梁 .jpg",如下图所示。

② 创建选区

按【Ctrl++】组合键放大图像,选择套索工具📎,然后沿着人物鼻子的轮廓创建选区,如下图所示。

③ 羽化选区

按【Shift+F6】组合键,弹出"羽化选区"对话框,设置"羽化半径"为 5 像素,

单击"确定"按钮,如下图所示。

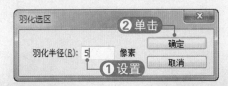

④ 选择"变形"命令

按【Ctrl+J】组合键,得到"图层 1"。按【Ctrl+T】组合键,在控制框内右击,选择"变形"命令,如下图所示。

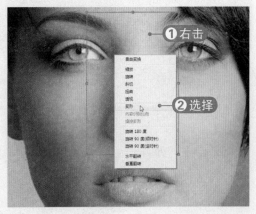

05 变形图像

拖动控制框中的各个控制柄，调整鼻子的外形，如下图所示。

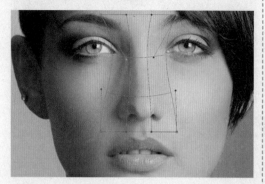

06 缩小鼻子

在控制框内右击，选择"缩放"命令。拖动控制柄调整鼻子的大小，双击确定变形操作，如下图所示。

07 移动图像

选择移动工具，拖动鼠标移动图像，调整鼻子的位置。按【Ctrl+E】组合键，合并"图层 1"到"背景"图层，如下图所示。

08 修复细节

使用修复画笔工具对鼻子细节进行处理，即可得到更加自然的效果，如下图所示。

3.5 人物嘴部的美容

嘴巴是脸部运动范围最大、最富有表情变化的部位，也是影响面部美观的重要因素之一，它可以产生丰富的表情，形态特别引人注目。下面将介绍如何对人物的嘴巴进行精修。

3.5.1 轻松校正人物纯色

唇膏是现代女性的常用化妆品，在嘴唇上涂一层恰到好处的唇膏能使人显得格外娇媚。

下面将介绍如何为照片人物制作涂抹唇膏后的红唇效果，具体操作方法如下：

01 打开素材文件

单击"文件"|"打开"命令，打开"光盘：素材 \03\ 红唇 .jpg"，如下图所示。

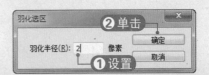

02 绘制路径

按【Ctrl++】组合键放大图像，选择钢笔工具，沿着人物嘴唇的轮廓绘制路径，如下图所示。

03 转换选区

按【Ctrl+Enter】组合键，将路径转换为选区，如下图所示。

04 羽化选区

按【Shift+F6】组合键，弹出"羽化选区"对话框，设置"羽化半径"为 2 像素，单击"确定"按钮，如下图所示。

05 创建填充图层

单击"创建新的填充或调整图层"按钮，选择"纯色"选项，在弹出的对话框中设置各项参数，单击"确定"按钮，如下图所示。

06 设置图层混合模式

设置"颜色填充 1"的图层混合模式为"叠加"，设置"不透明度"为 45%，即可得到最终效果，如下图所示。

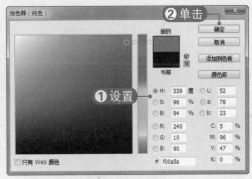

3.5.2 快速美白人物牙齿

一个真正的美女不仅要有漂亮的脸蛋，一口洁白、整齐的牙齿更是必不可少。一口皓齿能体现出一个人的健康、阳光，同时也能体现出优雅的气质。下面将介绍如何为照片人物快速美白牙齿，具体操作方法如下：

01 打开素材文件

打开"光盘：素材 \03\ 黄牙齿 .jpg"，按【Ctrl++】组合键放大图像，如下图所示。

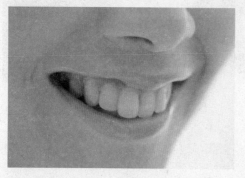

02 编辑快速蒙版

按【Q】键进入快速蒙版模式，设置前景色为黑色。选择画笔工具，在人物牙齿上进行细致的涂抹，如下图所示。

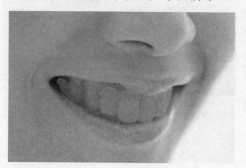

03 创建选区

按【Q】键退出快速蒙版模式，将涂抹区域之外的区域转换为选区，然后按【Ctrl+Shift+I】组合键反选选区，如下图所示。

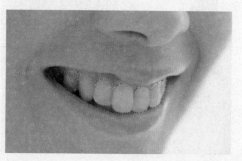

04 羽化选区

按【Shift+F6】组合键，弹出"羽化选区"对话框，设置"羽化半径"为 1 像素，单击"确定"按钮，如下图所示。

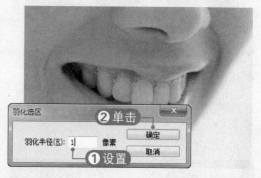

05 复制图像

按【Ctrl+J】组合键，复制选区内的图像，得到"图层 1"，如下图所示。

06 图像去色

单击"图像"|"调整"|"去色"命令，将复制出的图像去色，如下图所示。

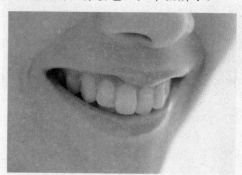

07 调整色阶

单击"图像"|"调整"|"色阶"命令,弹出"色阶"对话框,设置色阶参数,单击"确定"按钮,如下图所示。

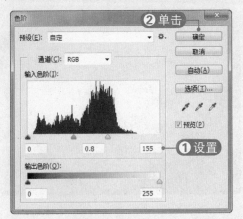

08 设置不透明度

在"图层"面板中设置"图层1"的"不透明度"为50%,即可得到自然的牙齿美白效果,如下图所示。

3.5.3 为儿童修补牙齿

脱落的牙齿往往十分影响美观,而在 Photoshop CC 中可以非常方便地弥补这一遗憾。下面将介绍如何为照片人物修补牙齿,具体操作方法如下:

01 打开素材文件

单击"文件"|"打开"命令,打开"光盘:素材 \04\ 补牙.jpg",如下图所示。

02 创建选区

选择磁性套索工具 ,在人物的一颗牙齿上拖动鼠标创建选区,如下图所示。

03 复制并移动图像

按【Ctrl+J】组合键,复制选区内的图像,得到"图层1"。按【Ctrl+T】组合键,调整图像位置,如下图所示。

04 调整牙齿大小

调整牙齿大小并按【Enter】键确定变换,即可得到牙齿修补之后的效果,如下图所示。

3.5.4 打造性感厚唇效果

以前厚唇总给人憨厚的感觉，随着时代的变迁，人们的审美也在不断地发生变化，现在厚嘴唇已经成为一种性感的象征。下面将介绍如何为人物打造性感厚唇，具体操作方法如下：

01 打开素材文件

单击"文件"|"打开"命令，打开"光盘：素材\03\性感厚唇.jpg"，如下图所示。

02 创建选区

按【Ctrl++】组合键放大图像，选择套索工具，在人物的嘴巴上拖动鼠标创建选区，如下图所示。

03 羽化选区

按【Shift+F6】组合键，弹出"羽化选区"对话框，设置"羽化半径"为3像素，单击"确定"按钮，如下图所示。

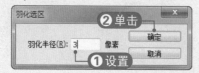

04 复制图像

按【Ctrl+J】组合键，复制选区内的图像，得到"图层1"，如下图所示。

05 应用"球面化"滤镜

单击"滤镜"|"扭曲"|"球面化"命令，弹出"球面化"对话框，设置滤镜参数，单击"确定"按钮，如下图所示。

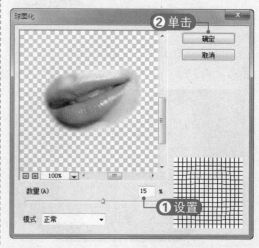

06 移动图像

使用移动工具 ▶⊹ 移动变形后的图像至合适的位置，查看此时的照片效果，如下图所示。

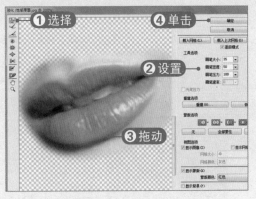

07 调整嘴唇厚度

单击"滤镜"|"液化"命令，弹出对话框，选择向前变形工具 ◎，在右侧设置画笔大小，在左侧预览框中拖动鼠标，调整嘴唇厚度，单击"确定"按钮，如下图所示。

08 查看最终效果

按【Ctrl+T】组合键，调整图像的大小。此时即可看到人物的嘴唇变得丰厚，显得更加性感，如下图所示。

3.5.5 打造诱人水晶蜜唇效果

当人物嘴部缺水时，就容易显得暗淡无光，为其擦上补充水分的唇蜜，可以让嘴唇显得水润而富有光泽。下面将详细介绍如何为照片人物打造水晶蜜唇效果，具体操作方法如下：

01 打开素材文件

单击"文件"|"打开"命令，打开"光盘：素材\03\蜜唇.jpg"，如下图所示。

02 绘制路径

按【Ctrl++】组合键放大图像，选择钢笔工具 ◎，沿着人物嘴唇的轮廓绘制路径，如下图所示。

03 存储路径

单击"路径"面板右上角的 ⬛ 按钮，选择"存储路径"选项，在弹出的对话框中输入"嘴唇"，单击"确定"按钮，如下图所示。

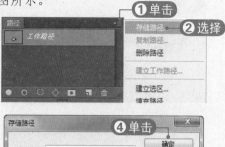

04 填充图层

按【Ctrl+Shift+N】组合键，新建"图层 1"。设置前景色为 RGB（127，127，127），按【Alt+Delete】组合键填充图层，如下图所示。

05 应用"添加杂色"滤镜

单击"滤镜"|"杂色"|"添加杂色"命令，弹出对话框，设置各项参数，单击"确定"按钮，如下图所示。

06 调整色阶

按【Ctrl+L】组合键，弹出"色阶"对话框，设置各项参数，单击"确定"按钮，如下图所示。

07 设置图层混合模式

设置"图层 1"的图层混合模式为"线性减淡（添加）"，查看照片效果，如下图所示。

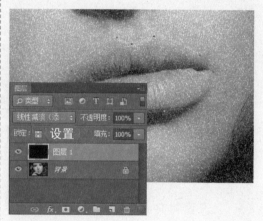

08 创建选区

按【Ctrl+Enter】组合键，将嘴唇路径转换为选区，如下图所示。

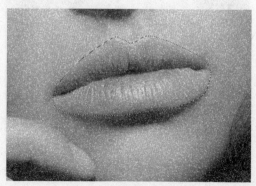

⑨ 羽化选区

按【Shift+F6】组合键，弹出"羽化选区"对话框，设置"羽化半径"为 2 像素，单击"确定"按钮，如下图所示。

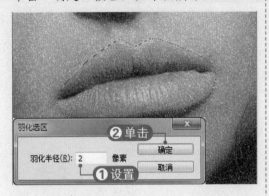

⑩ 添加图层蒙版

单击"添加图层蒙版"按钮，为"图层 1"添加图层蒙版，使其仅显示选区内的部分，如下图所示。

⑪ 调整曲线

单击"创建新的填充或调整图层"按钮，选择"曲线"选项，在弹出的属性面板中设置各项参数，如下图所示。

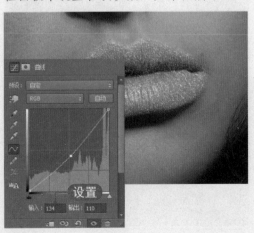

⑫ 替换图层蒙版

按住【Alt】键不放，拖动"图层 1"蒙版缩览图到"曲线 1"图层蒙版缩览图上，在弹出的提示信息框中单击"是"按钮，如下图所示。

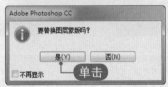

⑬ 载入选区

按住【Ctrl】键的同时单击"曲线 1"蒙版缩览图，载入选区，如下图所示。

⑭ 复制图层

选择"背景"图层，按【Ctrl+J】组合键得到"图层 2"，并将其移至所有图层的上方，如下图所示。

⑮ 编辑渐变色

单击"图像"|"调整"|"渐变映射"命令，弹出对话框，设置渐变类型，单击"确定"按钮，如下图所示。

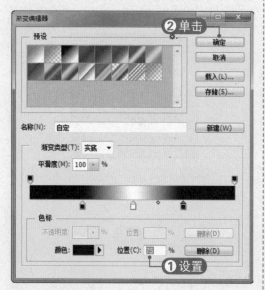

⑯ 确认操作

返回"渐变映射"对话框，在其中单击"确定"按钮，如下图所示。

⑰ 设置图层混合模式

设置"图层 2"的图层混合模式为"滤色"，设置"不透明度"为 30%，如下图所示。

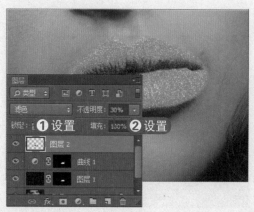

⑱ 载入选区

按住【Ctrl】键，单击"曲线 1"蒙版缩览图，载入选区。单击"创建新图层"按钮，新建"图层 3"，如下图所示。

⑲ 填充选区

设置前景色为 RGB（219，15，68），按【Alt+Delete】组合键填充选区，按住【Ctrl+D】组合键取消选区，如下图所示。

⑳ 设置图层混合模式

设置"图层 3"的图层混合模式为"柔光"，即可得到最终效果，如下图所示。

Chapter

04

人像照片的美体与修饰

本章将通过为人物烫发、染发、打造柔滑白嫩的双手、打造迷人小蛮腰等实例，详细介绍人物数码照片的美体处理技法。通过对本章的学习，读者在处理人物数码照片时将会更加得心应手，精修出专业级的数码照片效果。

4.1 人物手部的修饰

手部是影响人物气质的重要细节，下面将详细介绍在 Photoshop 中对人物手部进行精修的技术。

4.1.1 制作柔滑嫩白双手效果

拥有一双柔滑嫩白的双手是每个少女的梦想。下面将介绍如何为照片中的人物打造柔滑、嫩白的双手效果，具体操作方法如下：

01 打开素材文件

单击"文件"|"打开"命令，打开"光盘：素材 \04\ 手 .jpg"，如下图所示。

02 复制图像

选择快速选择工具 ，在手上拖动鼠标创建选区。按【Ctrl+J】组合键，复制选区内的图像，得到"图层 1"，如下图所示。

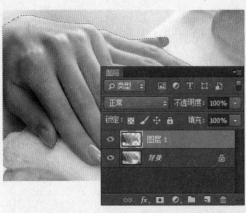

03 应用"减少杂色"滤镜

单击"滤镜"|"杂色"|"减少杂色"命令，弹出对话框，选中"基本"单选按钮，设置"强度"等参数，如下图所示。

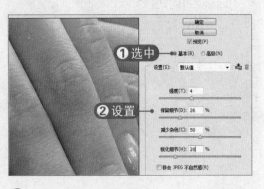

04 设置"红"通道

选中"高级"单选按钮，单击"每通道"选项卡，在"通道"下拉列表框中选择"红"通道，设置"强度"等参数，如下图所示。

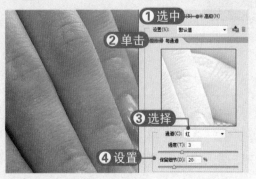

05 设置"绿"通道

在"通道"下拉列表框中选择"绿"通道，设置"强度"等参数，如下图所示。

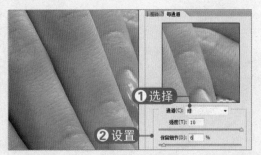

06 设置"蓝"通道

在"通道"下拉列表框中选择"蓝"通道,设置"强度"等参数,单击"确定"按钮,如下图所示。

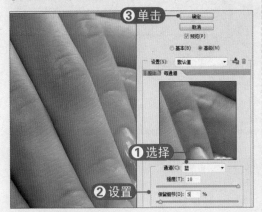

07 查看设置效果

此时可以看到人物手上的纹路变得浅淡,手也变得光滑了,如下图所示。

08 填充选区

单击"创建新图层"按钮■,新建"图层 2"。按住【Ctrl】键单击"图层 1"的缩览图载入选区,设置前景色为白色,按【Alt+Delete】组合键填充选区,如下图所示。

09 设置图层混合模式

按【Ctrl+D】组合键取消选区设置"图层 2"的图层混合模式为"柔光",设置"不透明度"为 60%,如下图所示。

10 添加蒙版

单击"添加图层蒙版"按钮■,设置前景色为黑色,选择画笔工具✐,对蒙版进行编辑操作,对手部边缘进行涂抹,如下图所示。

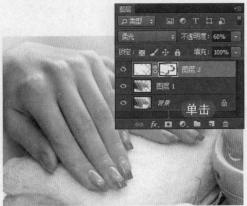

11 调整色彩平衡

单击"创建新的填充或调整图层"按钮■,选择"色彩平衡"选项,在弹出的调整面板中设置各项参数,如下图所示。

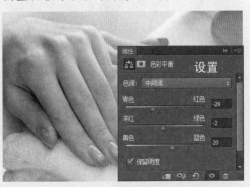

Photoshop CC 数码摄影后期处理从新手到高手

⑫ **调整亮度 / 对比度**

单击"创建新的填充或调整图层"按钮◍，选择"亮度 / 对比度"选项，在弹出的调整面板中设置各项参数，查看最终效果，如右图所示。

4.1.2　为人物的指甲上色

亮丽的指甲油能够遮掩指甲的乱痕，彰显自己的个性，即使不配首饰，也能展现女性魅力。下面将介绍如何为照片中人物的指甲进行上色，具体操作方法如下：

01 打开素材文件

单击"文件"|"打开"命令，打开"光盘：素材 \04\ 上色 .jpg"，如下图所示。

02 创建选区

选择缩放工具◻，将图像放大。选择钢笔工具◻，在指甲上创建路径。按【Ctrl+Enter】组合键，将路径转换为选区，如下图所示。

03 羽化选区

按【Shift+F6】组合键，弹出"羽化选区"对话框，设置"羽化半径"为 1 像素，单击"确定"按钮，如下图所示。

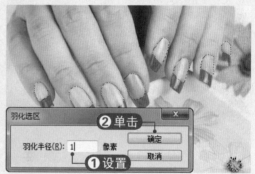

04 填充选区

单击"创建新图层"按钮◻，新建"图层 1"。设置前景色为 RGB（247，25，78），按【Alt+Delete】组合键填充选区，如下图所示。

05 设置图层混合模式

按【Ctrl+D】组合键取消选区,在"图层"面板中设置"图层 1"的图层混合模式为"颜色加深",如下图所示。

06 设置不透明度

设置"图层 1"的"不透明度"为 75%,此时即可查看为人物指甲上色后的最终效果,如下图所示。

4.1.3 打造五彩美甲效果

为了美观、个性,可以为照片人物的指甲染上不同的颜色,以达到更有冲击力的视觉效果。下面将介绍如何为人物替换指甲颜色,具体操作方法如下:

01 打开素材文件

单击"文件"|"打开"命令,打开"光盘:素材 \04\ 指甲 .jpg",如下图所示。

02 绘制路径

选择缩放工具,将图像放大。选择钢笔工具,在一个指甲上拖动鼠标绘制路径,如下图所示。

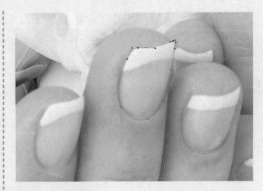

03 复制图像

按【Ctrl+Enter】组合键,将路径转换为选区。按【Ctrl+J】组合键,复制选区内的图像,得到"图层 1",如下图所示。

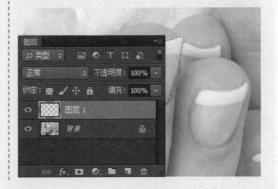

04 替换颜色

设置前景色为 RGB（121，4，139），选择颜色替换工具 ，设置"模式"为"颜色"，在选区内拖动鼠标替换指甲颜色，如下图所示。

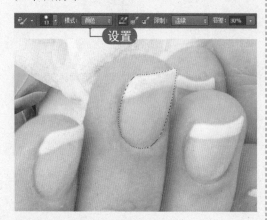

05 替换其他指甲颜色

同样，替换其他指甲的颜色。按住【Shift】键的同时选择所有指甲颜色图层，按【Ctrl+E】组合键合并图层，如下图所示。

06 复制并编辑图层

按【Ctrl+J】组合键复制图层，设置图层混合模式为"正片叠底"，"不透明度"为 80%，查看最终效果，如下图所示。

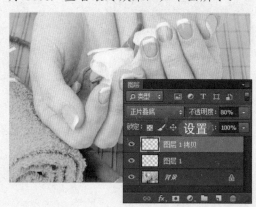

4.1.4 打造绚丽水晶甲效果

水晶指甲能从视觉上改变手指的形状，给人以修长感，从而弥补手型不美的遗憾，衬托出女性的高雅气质。下面将详细介绍如何为照片中的人物打造绚丽的水晶美甲效果，具体操作方法如下：

01 打开素材文件

单击"文件"|"打开"命令，打开"光盘：素材 \04\ 水晶甲 .jpg"，如下图所示。

02 创建选区

按【Ctrl++】组合键放大图像，选择快速选择工具 ，在指甲上拖动鼠标创建选区，如下图所示。

03 平滑选区

单击"选择"|"修改"|"平滑"命令，在弹出的对话框中设置"取样半径"为2像素，单击"确定"按钮，如下图所示。

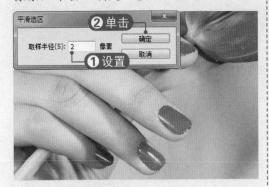

04 新建并填充图层

单击"图层"面板中的"创建新图层"按钮，新建"图层1"。设置前景色为黑色，按【Alt+Delete】组合键填充选区，按【Ctrl+D】组合键取消选区，如下图所示。

05 应用"添加杂色"滤镜

单击"滤镜"|"杂色"|"添加杂色"命令，在弹出的对话框中设置各项参数，单击"确定"按钮，如下图所示。

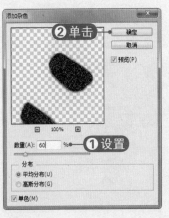

06 设置图层混合模式

设置"图层1"的图层混合模式为"颜色减淡"，按【Ctrl+J】组合键复制"图层1"，得到"图层1副本"，如下图所示。

07 应用"动感模糊"滤镜

单击"滤镜"|"模糊"|"动感模糊"命令，弹出"动感模糊"对话框，设置各项参数，单击"确定"按钮，如下图所示。

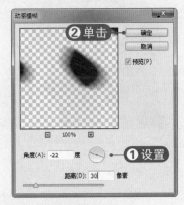

08 设置图层不透明度

设置"图层1拷贝"的"不透明度"为80%，此时即可看到闪亮水晶美甲的最终效果，如下图所示。

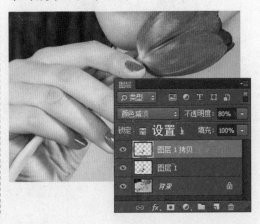

4.2 人物头部的修饰

人们常说：换一个发型换一种心情。发型对人的外在形象有着非常大的影响，不同的发型可以展现出不同的风采。下面将详细介绍如何利用 Photoshop 对人物头发进行精修的技术。

4.2.1 制作迷人卷发效果

卷发性感、浪漫的造型很受时尚 MM 的宠爱。风头正劲的大波浪卷发、妩媚娇俏的细碎卷发、狂野奔放的爆炸卷发等，无论哪一款卷发设计，都有别具一格的风采。下面将介绍如何为照片人物添加烫发效果，具体操作方法如下：

01 打开素材文件

单击"文件"|"打开"命令，打开"光盘：素材\04\烫发.jpg"，如下图所示。

02 创建选区

选择快速选择工具█，在人物一侧头发上拖动鼠标创建选区，如下图所示。

03 调整选区边缘

按【Alt+Ctrl+R】组合键，弹出"调整边缘"对话框，在"视图"下拉列表中选择"白底"选项，设置各项参数，如下图所示。

04 选择调整半径工具

在"视图"下拉列表中选择"闪烁虚线"选项，在左侧选择调整半径工具█，如下图所示。

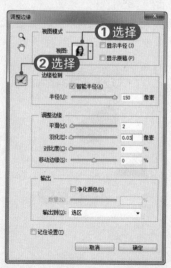

05 增加选区

在图像窗口中拖动选区虚线以外的头发部分增加选区。设置"输出到"为"新建图层",单击"确定"按钮,如下图所示。

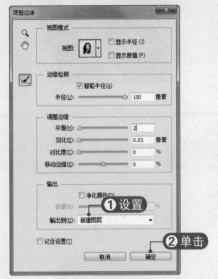

06 切变图像

单击"滤镜"|"扭曲"|"切变"命令,在弹出的对话框中设置切变参数,单击"确定"按钮,如下图所示。

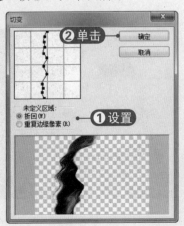

07 变换图像

显示"背景"图层,按【Ctrl+T】组合键调整"背景 拷贝"图层图像的大小,然后双击确认变换,如下图所示。

08 添加并编辑蒙版

单击"添加图层蒙版"按钮,添加图层蒙版。设置前景色为黑色,选择画笔工具,对蒙版进行编辑操作,隐藏部分图像,如下图所示。

09 处理另一侧头发

用同样的方法对另一边的头发进行编辑,即可得到卷曲的头发效果,如下图所示。

⑩ **加深图像**

按【Shift+Ctrl+Alt+E】组合键，盖印所有图层。选择加深工具 ◼️，在头发上拖动鼠标对其进行加深，即可得到最终效果，如右图所示。

4.2.2 打造时尚挑染造型

近年来流行挑染、局部染，干净的发型搭配上色彩时髦的挑染，使秀发更有光泽，也更有层次。下面将介绍如何为照片人物制作头发挑染效果，具体操作方法如下：

① **打开素材文件**

单击"文件"|"打开"命令，打开"光盘：素材 \04\ 挑染 .jpg"，如下图所示。

② **绘制挑染颜色**

单击"创建新图层"按钮 ◼️，新建"图层 1"。选择画笔工具 ◼️，选择柔边画笔，设置背景色为 RGB（228，33，128），在人物头发上绘制挑染颜色，如下图所示。

③ **设置图层属性**

设置"图层 1"的图层混合模式为"亮光"，"不透明度"为 68%，如下图所示。

④ **重复挑染操作**

用同样的方法对人物头发继续进行挑染，即可得到最终效果，如下图所示。

4.2.3 变换人物发色

染发现在已经成为一种时尚，年轻人可以随心所欲地改变头发的颜色，配合服饰和妆容，充分展示自己的个性。下面将介绍如何为照片中的人物制作染发效果，具体操作方法如下：

01 创建选区

单击"文件"|"打开"命令，打开"光盘：素材 \04\ 染发 .jpg"。选择快速选择工具 ，在人物的头发上拖动鼠标创建选区，如下图所示。

02 羽化选区

按【Shift+F6】组合键，弹出"羽化选区"对话框，设置"羽化半径"为 3 像素，单击"确定"按钮。按【Ctrl+J】组合键复制选区内的图像，得到"图层 1"，如下图所示。

03 调整色彩平衡

单击"图像"|"调整"|"色彩平衡"命令，在弹出的对话框中设置色彩平衡参数，单击"确定"按钮，如下图所示。

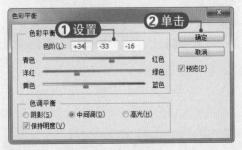

04 设置图层不透明度

设置"图层 1"的"不透明度"为 80%，使染发效果更加自然，如下图所示。

4.2.4 为头发添加光泽度

亮丽、飘逸的头发散发着光泽，给人的感觉分外健康。下面将通过实例介绍如何为照片人物的头发添加光泽，具体操作方法如下：

01 打开素材文件

单击"文件"|"打开"命令,打开"光盘:素材\04\光泽.jpg",如下图所示。

02 创建选区

选择快速选择工具 ,在人物头发上拖动鼠标创建选区,如下图所示。

03 调整选区边缘

按【Alt+Ctrl+R】组合键,弹出"调整边缘"对话框,在"视图"下拉列表中选择"白底"选项,设置各项参数,如下图所示。

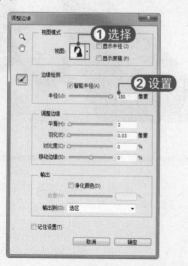

04 选择调整半径工具

在"视图"下拉列表中选择"闪烁虚线"选项,在左侧选择涂抹调整工具 ,如下图所示。

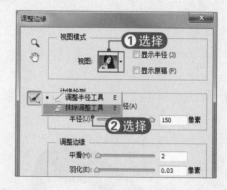

05 减少选区

在图像窗口中拖动人物眼睛和脸颊部分,减少选区,如下图所示。

06 复制图像

单击"确定"按钮,然后按【Ctrl+J】组合键复制选区内的图像,得到"图层1",如下图所示。

07 调整饱和度

单击"图像"|"调整"|"色相/饱和度"命令，在弹出的对话框中设置"饱和度"为 -60，单击"确定"按钮，如下图所示。

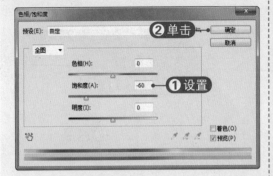

08 修改图层混合模式

在"图层"面板中设置"图层 1"的图层混合模式为"线性减淡（添加）"，如下图所示。

09 添加并编辑蒙版

单击"添加图层蒙版"按钮，为"图层 1"添加图层蒙版。选择画笔工具，对蒙版进行编辑操作，隐藏过亮部分的图像，如下图所示。

10 更改图层不透明度

在"图层"面板中设置"图层 1"的"不透明度"为 80%，即可得到最终效果，如下图所示。

4.3 人物身形的修饰

拥有一个健美的身形是每个人都渴望的，不同的身形给人截然不同的外观。下面将详细介绍在 Photoshop 中如何对人物身形进行精修的技术。

4.3.1 塑造纤细手臂

胳膊脂肪堆积一般最常见的是上臂，大量脂肪堆积在内下侧，甚至整个肩头都圆圆的。粗壮的手臂会影响到女性身材的美感，本实例将介绍如何为照片人物塑造纤细的手臂效果，具体操作方法如下：

01 打开素材文件

打开"光盘：素材\04\瘦胳膊.jpg"，可以看到人物胳膊侧面部分显得过于粗壮，如下图所示。

02 创建选区

按【Ctrl++】组合键放大图像，选择套索工具，沿人物胳膊轮廓拖动鼠标创建选区，如下图所示。

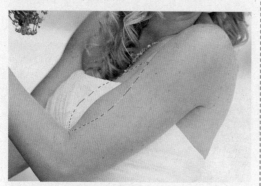

03 羽化选区

按【Shift+F6】组合键，弹出"羽化选区"对话框，设置"羽化半径"为 3 像素，单击"确定"按钮，如下图所示。

04 选择"变形"命令

按【Ctrl+J】组合键，复制选区内的图像，得到"图层 1"。按【Ctrl+T】组合键调出变换控制框并右击，在弹出的快捷菜单中选择"变形"命令，如下图所示。

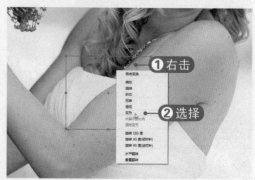

05 变换图像

拖动控制点变换图像，将手臂向里进行收缩，如下图所示。

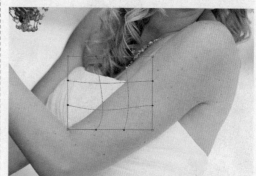

06 盖印所有图层

按【Enter】键确定变换操作，然后按【Ctrl+Alt+Shift+E】组合键盖印所有图层，如下图所示。

Photoshop CC 数码摄影后期处理从新手到高手

07 修补图像

选择仿制图章工具，对不自然的部分图像进行修补，如下图所示。

08 查看最终效果

用同样的方法对胳膊的另一侧进行修补操作，即可得到最终效果，如下图所示。

4.3.2 打造丰胸效果

每位女性都想拥有丰满、挺拔的美胸，它能彰显女性的魅力与风韵。下面将介绍在 Photoshop 中如何为照片人物打造丰胸效果，具体操作方法如下：

01 复制图层

打开"光盘：素材 \04\ 丰胸 .jpg"，按【Ctrl+J】组合键复制"背景"图层，得到"图层 1"，如下图所示。

02 创建选区

选择椭圆选框工具，在图像中创建圆形选区，如下图所示。

03 羽化选区

按【Shift+F6】组合键，弹出"羽化选区"对话框，设置"羽化半径"为 3 像素，单击"确定"按钮，如下图所示。

04 应用"球面化"滤镜

单击"滤镜"|"扭曲"|"球面化"命令，弹出对话框，设置"数量"为100%，单击"确定"按钮，如下图所示。

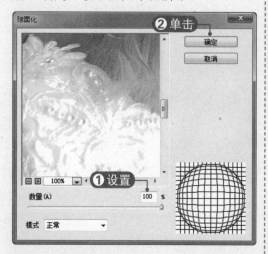

05 取消选区

按【Ctrl+D】组合键取消选区，查看照片效果，如下图所示。

06 重复操作

用同样的方法对人物另一侧胸部进行重复操作，如下图所示。

07 应用"液化"滤镜

单击"滤镜"|"液化"命令，弹出对话框，选择膨胀工具，分别在人物胸部拖动鼠标进行膨胀操作，单击"确定"按钮，如下图所示。

08 查看丰胸效果

此时即可在图像窗口中查看丰胸后的人物效果，如下图所示。

4.3.3 为人物打造迷人小蛮腰

腰腹部位是最容易堆积脂肪的部位，在 Photoshop 中可以利用"液化"滤镜对图像进行变形，轻松打造每个女性想要的小纤腰效果，具体操作方法如下：

01 复制图层

打开"光盘：素材 \04\ 瘦腰 .jpg"，按【Ctrl+J】组合键复制"背景"图层，得到"图层 1"，如下图所示。

02 使用褶皱工具细腰

单击"滤镜"|"液化"命令，弹出"液化"对话框，选择褶皱工具，设置"画笔大小"为 125，"画笔密度"为 50，在人物腰上单击进行收缩，如下图所示。

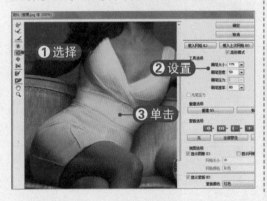

03 使用向前变形工具

选择向前变形工具，设置"画笔大小"为 175，移动鼠标指针到人物腰部的边缘，向里拖动鼠标进行瘦腰操作，单击"确定"按钮，如下图所示。

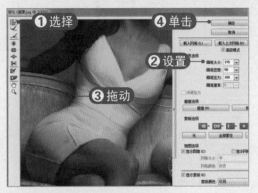

04 修饰腰部线条

选择仿制图章工具，修饰人物腰部的线条，即可查看瘦腰后的最终效果，如下图所示。

4.3.4 塑造完美S形曲线

S 形曲线是每个女性都渴望拥有的完美身材，下面通过使用"挤压"和"液化"滤镜对人物进行变形操作，从而打造出 S 形的曲线身材，具体操作方法如下：

01 复制图层

打开"光盘：素材文件 \04\ 曲线 .jpg"，按【Ctrl+J】组合键复制"背景"图层，得到"图层 1"，如右图所示。

02 创建选区

选择快速选择工具 ✍，在人物身上拖动鼠标创建选区，如下图所示。

03 羽化选区

按【Shift+F6】组合键，弹出"羽化选区"对话框，设置"羽化半径"为 5 像素，单击"确定"按钮，如下图所示。

04 应用"挤压"滤镜

单击"滤镜"|"扭曲"|"挤压"命令，弹出"挤压"对话框，设置挤压参数，单击"确定"按钮，如下图所示。

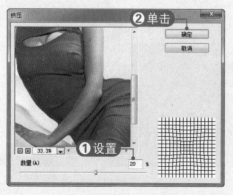

05 隐藏选区

按【Ctrl+H】组合键隐藏选区，查看图像效果，如下图所示。

06 应用"液化"滤镜

单击"滤镜"|"液化"命令，弹出对话框，选择左推工具 ❖，设置"画笔大小"为 300，拖动鼠标对衣服进行收缩，如下图所示。

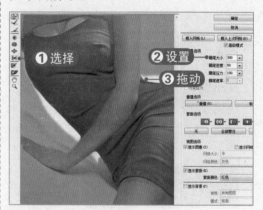

07 使用膨胀工具

选择膨胀工具 ❖，设置"画笔大小"为 400，移动鼠标指针到人物衣服的胸部，单击进行膨胀操作，如下图所示。

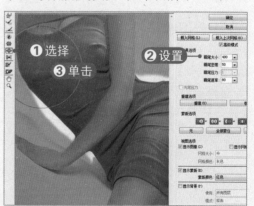

08 使用向前变形工具

选择向前变形工具 ，设置"画笔大小"为300，移动鼠标指针到人物衣服的腰部，向内拖动鼠标进行收缩，单击"确定"按钮，如下图所示。

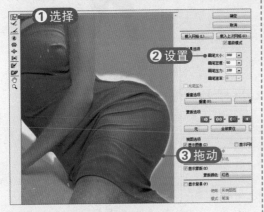

09 查看瘦身效果

此时查看人物变瘦后的效果，可以看到人物已经拥有了S形的身材，如下图所示。

10 调整亮度/对比度

单击"创建新的填充或调整图层"按钮 ，选择"亮度/对比度"选项，设置参数，查看最终效果，如下图所示。

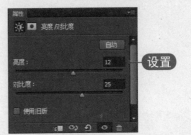

知识加油站

拍摄人像照片时，通常会在人物正面即视线方向留出一定空间来表现画面通透感，以拓展人物的视野宽度。然而在一些特殊艺术表现中，则采用在人物背面留出大量空间并缩小人物视线空间范围的方式来增强照片的独特艺术气质。

4.3.5 快速为模特增高

对于身高比较矮的人来说，在现实中增高十分困难。下面将通过实例介绍如何快速为照片人物进行增高，具体操作方法如下：

01 打开素材文件

单击"文件"|"打开"命令，打开"光盘：素材\04\增高.jpg"，如右图所示。

02 创建选区

按【Ctrl+J】组合键，复制"背景"图层，得到"图层1"。选择快速选择工具，在人物上拖动鼠标创建选区，如下图所示。

03 移动图像

按【Ctrl+J】组合键复制"图层1"，得到"图层2"。选择移动工具，将人物向上拖动，如下图所示。

04 选取图像

选择矩形选框工具，在人物腿部创建选区，按【Ctrl+T】组合键调出变换控制框，如下图所示。

05 变换图像

把人物拉到想要的高度，双击鼠标左键确认变换操作，按【Ctrl+D】组合键取消选区，如下图所示。

06 修补图像

选择仿制图章工具，在"图层1"中沿着人物轮廓隐藏多余的部分，即可得到最终效果，如下图所示。

4.3.6 打造黑丝诱惑

黑丝袜简称黑丝，是女性在夏季时普遍穿着的一种丝袜。黑丝能让女性的腿部更加动人。下面将介绍如何为照片中的人物添加黑丝效果，具体操作方法如下：

01 创建选区

打开"光盘：素材 \04\ 美腿 .jpg"，选择快速选择工具 ，在人物腿部拖动鼠标创建选区，如下图所示。

02 羽化选区

按【Shift+F6】组合键，弹出"羽化选区"对话框，设置"羽化半径"为 2 像素，单击"确定"按钮，如下图所示。

03 填充选区

单击"创建新图层"按钮 ，得到"图层 1"。设置前景色为黑色，按【Alt+Delete】组合键填充选区，如下图所示。

04 设置图层混合模式

按【Ctrl+D】组合键取消选区，设置"图层 1"的图层混合模式为"正片叠底"，"不透明度"为 30%，如下图所示。

05 复制并设置图层

按【Ctrl+J】组合键，得到"图层 1拷贝"。设置其图层混合模式为"叠加"，"不透明度"为 10%，如下图所示。

06 复制并设置图层

按【Ctrl+J】组合键，得到"图层 1拷贝 2"。设置其图层混合模式为"柔光"，"不透明度"为 30%，即可得到最终效果，如下图所示。

4.3.7 拉长人物腿部线条

腿的长度是腿型是否漂亮的重要因素之一，下面将介绍在 Photoshop CC6 中如何为照片人物拉长腿部线条，具体操作方法如下：

01 复制图层

打开"光盘：素材 \04\ 长腿 .jpg"，按【Ctrl+J】组合键复制"背景"图层，得到"图层 1"，如下图所示。

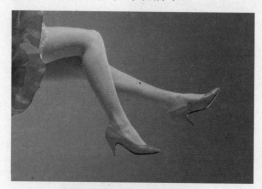

02 创建选区

选择快速选择工具，在人物腿部拖动鼠标创建选区，如下图所示。

03 平滑选区

单击"选择"|"修改"|"平滑"命令，在弹出的对话框中设置"取样半径"为 1 像素，单击"确定"按钮，如下图所示。

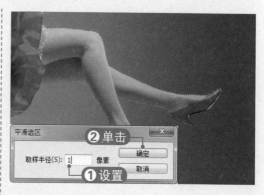

04 羽化选区

单击"选择"|"修改"|"羽化"命令，在弹出的对话框中设置"羽化半径"为 1 像素，单击"确定"按钮，如下图所示。

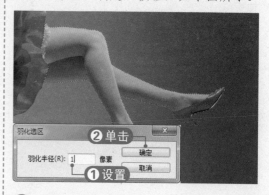

05 变换图像

按【Ctrl+J】组合键，得到"图层 2"。单击"编辑"|"内容识别比例"命令，显示变换框，拖动控制点向右进行缩放，如下图所示。

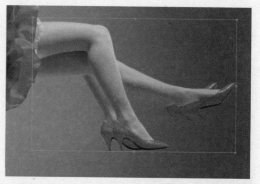

06 查看图像效果

按【Enter】键确定变换，查看此时的图像效果，如下图所示。

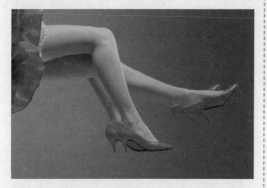

07 载入并反选选区

按住【Ctrl】键，单击"图层2"缩览图载入选区。选择"图层1"，按【Ctrl+Shift+I】组合键反选选区，如下图所示。

08 修整腿部细节

按【Ctrl+H】组合键隐藏选区，选择仿制图章工具 ，对人物腿外部多出的图像进行修整，即可得到最终效果，如下图所示。

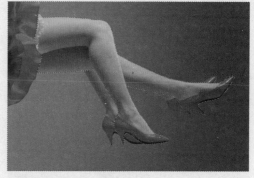

4.3.8 为人物瘦腿

纤细的美腿可以凸显女人的气质，本实例将介绍如何为照片中的女性人物进行瘦腿，具体操作方法如下：

01 打开素材文件

单击"文件"|"打开"命令，打开"光盘：素材 \04\ 瘦腿 .jpg"，如下图所示。

02 创建选区

选择矩形选框工具 ，在人物腿部区域创建选区。按【Ctrl+J】组合键，复制选区内的图像，得到"图层1"，如下图所示。

03 变换图像

按【Ctrl+T】组合键调出变换框，向下拉伸画面，按【Enter】键确定变换操作，使人物腿部线条略微变长，如下图所示。

04 复制图像

选择矩形选框工具■，在女孩膝盖以下区域创建选区。按【Ctrl+J】组合键，复制选区内的图像，得到"图层 2"，如下图所示。

05 盖印所有图层

采用同样方法拉长小腿线条，此时女孩整体比例得到了改善。按【Ctrl+Shift+Alt+E】组合键盖印所有图层，如下图所示。

06 调整腿型

单击"滤镜"|"液化"命令，在弹出的对话框中选择向前变形工具，设置"画笔大小"为150，"画笔密度"为50，"画笔压力"为100，调整人物腿型，如下图所示。

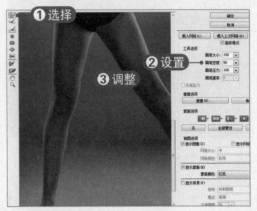

07 修整细节

选择褶皱工具，调整画笔大小，把人物的脚腕和膝盖处略微处理一下，单击"确定"按钮，如下图所示。

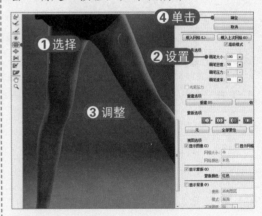

08 查看最终效果

此时纤细的美腿效果就打造完成了，如下图所示。

4.3.9 打造丰满翘臀效果

拥有丰满、翘挺的臀部是每个女性的期待，下面将介绍如何为人物打造迷人的翘臀效果，具体操作方法如下：

01 复制图层

打开"光盘：素材\04\翘臀.jpg"，按【Ctrl+J】组合键复制"背景"图层，得到"图层1"，如下图所示。

02 创建选区

按【Ctrl++】组合键放大图像，选择套索工具，在人物臀部拖动鼠标创建选区，如下图所示。

03 羽化选区

按【Shift+F6】组合键，弹出"羽化选区"对话框，设置"羽化半径"为1像素，单击"确定"按钮，如下图所示。

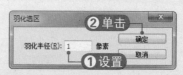

04 应用"挤压"滤镜

单击"滤镜"|"扭曲"|"挤压"命令，在弹出的对话框中设置"数量"为-50%，单击"确定"按钮，如下图所示。

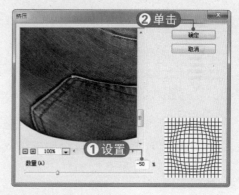

05 查看图像效果

按【Ctrl+H】组合键隐藏选区，查看图像效果，如下图所示。

06 设置工具参数

单击"滤镜"|"液化"命令，弹出"液化"对话框，选择向前变形工具，在右侧设置"画笔大小"为 150，如下图所示。

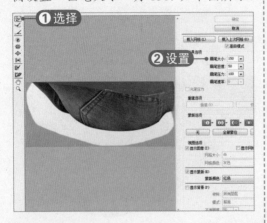

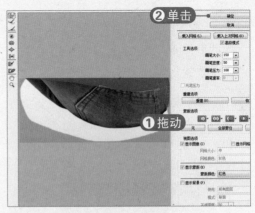

07 变形图像

移动鼠标指针到人物臀部的边缘，向下拖动鼠标进行放大操作，单击"确定"按钮，如下图所示。

08 查看最终效果

按【Ctrl+D】组合键取消选区，此时在图像窗口中即可查看最终的翘臀效果，如下图所示。

4.3.10 为人物添加纹身效果

纹身是在单调的皮肤上刻画出理想的画面，彰显自己的鲜明个性。下面将通过实例介绍如何为照片人物添加纹身效果，具体操作方法如下：

01 复制图层

打开"光盘：素材 \04\ 纹身 .jpg"，按【Ctrl+J】组合键复制"背景"图层，得到"图层 1"，如下图所示。

02 打开纹身图案

单击"文件"|"打开"命令，打开"光盘：素材 \04\ 纹身图案 .jpg"，如下图所示。

03 选择图像

选择套索工具 ，在图像窗口中拖动鼠标创建选区，选择要作为纹身图案的图像，如下图所示。

04 复制并粘贴图像

按【Ctrl+C】组合键，复制选区内的图像。切换到人物图像窗口，按【Ctrl+V】组合键粘贴选区内的图像，如下图所示。

05 变换图像

按【Ctrl+T】调出变换控制框，调整图像的大小和位置，然后双击鼠标左键确认变换操作，如下图所示。

06 设置图层混合模式和不透明度

设置"图层2"的图层混合模式为"正片叠底"，"不透明度"为60%，如下图所示。

07 调整色彩平衡

单击"创建新的填充或调整图层"按钮 ，选择"色彩平衡"选项，在弹出的调整面板中设置调整参数。单击面板下方的 按钮，使其只对"图层2"起作用，如下图所示。

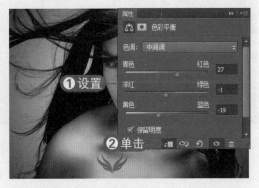

08 调整亮度/对比度

单击"创建新的填充或调整图层"按钮 ，选择"亮度/对比度"选项，在弹出的调整面板中设置参数，即可得到最终的纹身效果，如下图所示。

调整数码照片的色调与颜色

　　对于数码照片来说，其色调和色彩十分重要。和色彩相遇的那一瞬间，就能够体会拍摄者希望传达的情感。色调的调整也有很大的主观性，根据心情和所表达主题的不同而不同。本章将详细介绍在 Photoshop 中调整数码照片色调与色彩的方法与技巧。

5.1 认识色彩与色调

对于数码照片来说，直接触动人、传达情感、体现艺术格调的因素无疑是画面的色调。色调有助于表达作品主题，增强作品的感染力，同时也是一种风格的标志，因此色调是最具有感染力的一种画面语言。追求色彩对比是为了突出主体，追求色调是为了渲染气氛，烘托主题，表达情感，加强画面的整体性、完美性。

即使是最好的摄影师，拍出来的照片也会有一部分存在缺陷。因此，对照片进行必要的色彩与色调的调整是数码照片后期处理经常要做的事情。

5.1.1 颜色模式

在 Photoshop 中，把不同颜色的组织方式称为颜色模式。颜色模式不但用于确定图像中显示的颜色数量，还会影响通道的数量和图像文件的大小。

图像的颜色模式包括很多种，利用"图像"|"模式"菜单下的命令可以进行其他颜色模式的转换，如右图所示。转换成功后，可以在图像文件标题栏中看到其颜色模式类型。

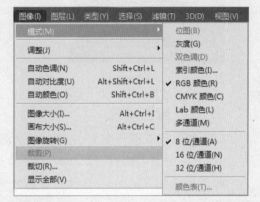

下面对一些比较常见的颜色模式进行简要介绍。

1. RGB 颜色模式

RGB 颜色模式是工业界的一种颜色标准，属于加色模式，它通过对红（Red）、绿（Green）、蓝（Blue）三个颜色相互之间的叠加可以得到约 1670 万种的颜色，如下图所示，在 Photoshop 中编辑图像时，RGB 颜色模式可以提供全屏幕 24bit 的色彩范围是最佳的色彩模式。

RGB模式颜色面板

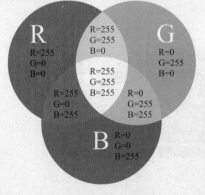

RGB颜色模式示意图

2. CMYK 颜色模式

CMYK 颜色模式是彩色印刷使用的一种颜色模式，它由青（Cyan）、洋红

（Magenta）、黄（Yellow）和黑（Black）4 种颜色组成，如下图所示。CMYK 即代表青、洋红、黄、黑 4 种印刷专用的油墨颜色，也是 Photoshop 软件中 4 个通道的颜色。

在印刷时应用了色彩学中的减法混合原理，即减色颜色模式，是通过控制青、洋红、黄、黑四色油墨在纸张上相叠印刷来产生色彩的，它的颜色种数少于 RGB 色。

CMYK模式颜色面板

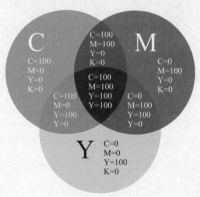

CMYK颜色模式示意图

3. Lab 颜色模式

Lab 颜色模式既不依赖光线，也不依赖颜料，在理论上包括了人眼可见的所有色彩，它弥补了 CMYK 模式和 RGB 模式的不足。Lab 颜色模式由三个通道组成：一个通道是透明度，即 L；其他两个是色彩通道，即色相和饱和度，用 a 和 b 表示，如下图所示。

Lab模式颜色面板

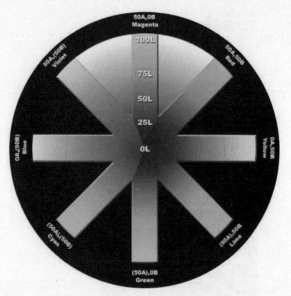

Lab颜色模式示意图

基于人对颜色的感觉，其数值描述正常视力的人能够看到的所有颜色。颜色色彩管理系统往往使用 Lab 颜色模式作为色标，以将颜色从一个色彩空间转换到另一个色彩空间。

4．HSB 颜色模式

HSB 颜色模式是基于人对颜色的心理感受的一种颜色模式，它以色相（H）、饱和度（S）和亮度（B）来描述颜色的基本特征，如下图所示。

 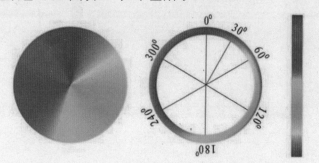

HSB模式颜色面板　　　　　　　　　　　　HSB颜色模式示意图

- **色相**：指纯色，即组成可见光谱的单色。
- **饱和度**：指颜色的强度或纯度，用色相中灰色成分所占的比例来表示，0%为纯灰色，100% 为完全饱和。在标准色轮上，从中心位置到边缘位置的饱和度是递增的。
- **亮度**：指色彩的明亮度。亮度为 0 时即为黑色，最大亮度是色彩最鲜明的状态。

5．灰度模式

灰度模式用单一色调表现图像，一个像素的颜色用八位元来表示，一共可表现 256 阶（色阶）的灰色调（含黑和白），也就是 256 种明度的灰色。灰度模式是纯白、纯黑以及两者中的一系列从黑到白的过渡色，不包含任何色相，如同黑白照片，可用于将彩色图像转换为高品质的黑白图像（有亮度效果），如下图所示。

灰度模式颜色面板　　　　　　　　　RGB颜色模式转换为灰度模式前后对比

6．索引颜色模式

索引颜色模式是网上和动画中常用的图像模式，它只能存储一个 8bit 色彩深度的文件，即最多 256 种颜色，且颜色都是预定义好的。当将图像转换为索引色彩模式时，通常会构建一个调色板存放并索引图像中的颜色。

如果原图像中颜色不能用 256 色表现，则 Photoshop 会从可使用的颜色中选出最相近的颜色来模拟这些颜色，这样可以减小图像文件的尺寸。颜色表可在转换的过程中定义或在生成索引图像后修改。下图所示为将 RGB 颜色模式图像转换为索引颜色模式的前后对比效果。

RGB颜色模式转换为索引颜色模式前后对比

7．双色颜色模式

双色调颜色模式是采用 2~4 种彩色油墨混合其色阶来创建双色调（2 种颜色）、三色调（3 种颜色）、四色调（4 种颜色）的图像。在将灰度图像转换为双色调模式的图像过程中，可以对色调进行编辑，从而产生特殊的效果。

使用双色调颜色模式的重要用途之一是使用尽量少的颜色来表现尽量多的颜色层次，以减少印刷成本，如下图所示。将彩色模式转换为双色调模式时，必须首先转换为灰度模式。

将图像颜色模式转换为双色调颜色模式，可以为图像创建一种特殊的艺术效果。下面将通过颜色模式的转换制作一个双色调图像，具体操作方法如下：

01 打开素材文件

按【Ctrl+O】组合键，打开"光盘：素材 \05\ 夜景 .jpg"文件，如下图所示。

02 转换颜色模式

单击"图像"|"模式"|"灰度"命令，即可将 RGB 颜色模式的图像转换为灰度模式，如下图所示。

03 转换颜色模式

单击"图像"|"模式"|"双色调"命令，弹出"双色调选项"对话框，在"类型"下拉列表框中选择"双色调"选项，如下图所示。

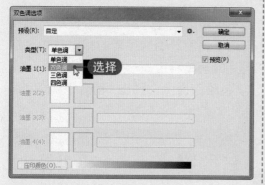

04 单击色块

此时"油墨 1"和"油墨 2"被激活，单击"油墨 1"色块，弹出"拾色器"对话框，在其中单击"颜色库"按钮，如下图所示。

05 选择颜色

弹出"颜色库"对话框，在"色库"下拉列表框中选择一种色系，拖动面板中的颜色调至红色区域，选择一种颜色，单击"确定"按钮，如下图所示。

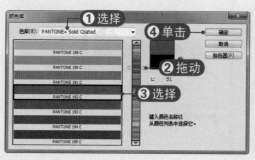

06 调整颜色明暗度

单击"油墨 1"的曲线缩览图，弹出"双色调曲线"对话框，单击并拖动曲线，调整颜色明暗度，单击"确定"按钮，如下图所示。

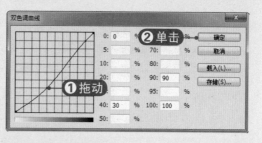

07 调整油墨颜色

返回"双色调选项"对话框，采用同样的方法设置"油墨 2"的参数，单击"确定"按钮，如下图所示。

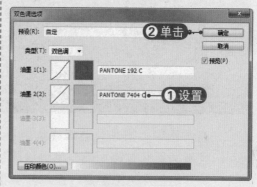

08 查看最终效果

此时即可得到制作双色调图像的最终效果，如下图所示。

5.1.2 查看颜色和色彩

　　在 Photoshop 中，直方图可以表示图像每个颜色亮度级别的像素数量，展示像素在图像中的分布情况。在直方图中可以显示图像的暗调、中间调和高光部分是否包含有足够的细节，以便用户判断照片的问题所在，从而更方便地对图像进行调整。

　　在一张图片的直方图中，横轴代表的是图像中的亮度，由左向右，从全黑逐渐过渡到全白；纵轴代表的则是图像中处于这个亮度范围的像素的相对数量。在这样一张二维的坐标系上，便可以对一张图片的明暗程度有一个准确的了解。在 Photoshop CC 中，单击"图像"|"调整"|"色阶"命令，弹出"色阶"对话框，可以对直方图进行调整，以此来控制图像的明暗变化，如下图所示。

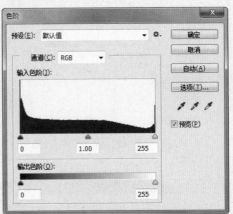

　　在直方图中，当黑色波峰线集中于左侧时，说明这张照片的整体色调偏暗，也可以理解为照片欠曝；而当黑色波峰线集中于右侧时，说明这张照片整体色调偏亮，除非是特殊构图需要，否则可以理解为照片过曝。

　　下面用几张照片来直观地理解直方图所反映的图像特性。下图所示为一张正常曝光的风景照片及其对应的直方图，可以看到直方图左、中、右都有比较丰富的颜色信息值，并且没有在左侧暗调部分或右侧高光部分出现溢出现象。根据直方图所表达的内容，可以看到这张照片各个物体的暗部、中间色调和高光部分像素分布比较均匀，可以认为这张图片的曝光是比较准确的。

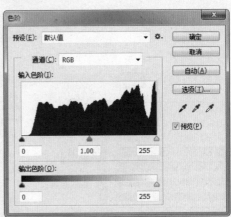

如果在拍摄时增加了曝光量，就会得到如下图所示的结果。可以看到左侧暗部部分降得很低，最右侧出现高光部分是一个很高的波峰，代表高光区域出现了过曝问题。

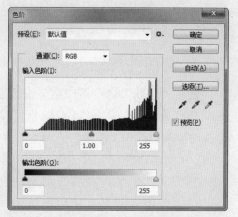

如果拍摄时降低了曝光量，就会得到如下图所示的结果。可以看到左侧暗部波峰很高，但最右侧出现高光部分一片空白，代表此照片暗部颜色非常多，而高光部分基本没有，从而可以判断出画面过暗，曝光不足。

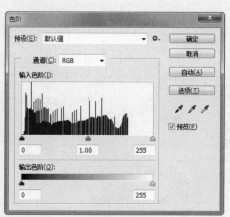

当然，并不是直方图中波峰居中且比较均匀的图像才是曝光合适的，判断一张图像的曝光是否准确，关键还要看它是否能准确地体现出拍摄者的意图。例如，通常夜景图片在直方图中就是暗部区域的波峰居多，如下图所示。

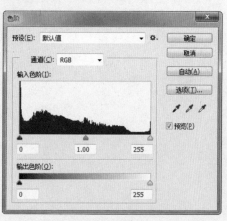

5.2 调整数码照片的个性色调

在 Photoshop 中调整数码照片色调的命令有很多,常用的命令有"色阶"、"曲线"、"亮度 / 对比度"和"色彩平衡"等,下面将分别对其进行详细介绍。

5.2.1 增加照片的亮度

使用"色阶"命令可以重新设置图像的最暗处和最亮处,以增加或降低图像的亮度或对比度。单击"图像"|"调整"|"色阶"命令,将弹出"色阶"对话框,如右图所示。

在该对话框中,将高光值滑块向左拖动,可以使图像变亮;将阴影值滑块向右拖动,可以使图像变暗;将高光值滑块和阴影值滑块都向中间拖动,则可以增加图片的对比度。

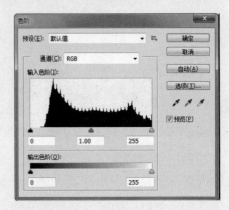

下面将通过实例介绍如何使用"色阶"命令调整照片,具体操作方法如下:

01 打开素材文件

单击"文件"|"打开"命令,打开"光盘:素材 \05\ 雪人 .jpg",如下图所示。

02 查看直方图

单击"图像"|"调整"|"色阶"命令,弹出"色阶"对话框,直方图左侧的暗部区域出现溢出,需要进行调整,如下图所示。

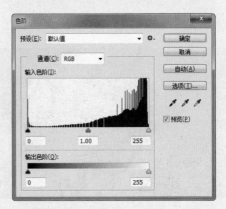

03 调整色阶

在"色阶"对话框中向右拖动黑色滑块,将暗部区域补上,单击"确定"按钮,如下图所示。

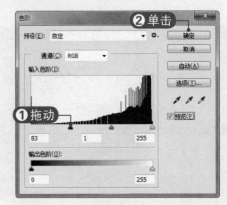

04 查看调整效果

此时可以看到照片效果得到了很大改善，除掉了灰蒙蒙的感觉，但看起来有点儿暗，需要将其调亮，如下图所示。

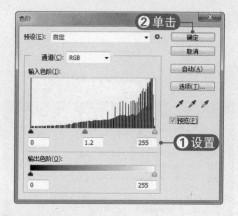

05 调整色阶

按【Ctrl+L】组合键，弹出"色阶"对话框，设置各项参数，单击"确定"按钮，如下图所示。

06 查看调整效果

此时画面亮度得到了提高，照片效果也显得更具艺术感，如下图所示。

5.2.2 调整照片整体色调

使用"色彩平衡"命令可以在彩色图像中改变颜色的混合，这个命令仅提供一般化的色彩校正。要想更精确地控制单个颜色，需要使用"色阶"和"曲线"等命令。

下面使用"色彩平衡"命令来调整一张风景照片，具体操作方法如下：

01 打开素材文件

单击"文件"|"打开"命令，打开"光盘：素材\05\小花.jpg"，如下图所示。

02 调整色彩平衡

单击"图像"|"调整"|"色彩平衡"命令，弹出"色彩平衡"对话框，如下图所示。

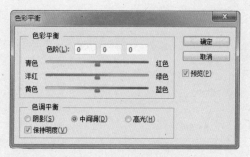

03 设置色彩参数

在"色彩平衡"对话框中设置各项参数值，单击"确定"按钮，如下图所示。

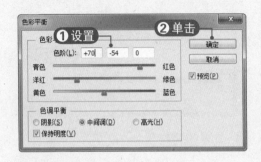

04 查看照片效果

此时照片的色调发生了很大的变化，得到了不同的照片效果，如下图所示。

5.2.3 增强照片对比度

"亮度 / 对比度"命令主要用于调整图像的亮度和对比度，利用它可以对图像的色调范围进行简单的调整。下面将使用"亮度 / 对比度"命令来调整一张曝光不足的照片，具体操作方法如下：

01 打开素材文件

单击"文件"|"打开"命令，打开"光盘：素材 \05\ 郁金香 .jpg"，如下图所示。

02 调整亮度 / 对比度

单击"图像"|"调整"|"亮度 / 对比度"命令，弹出"亮度 / 对比度"对话框，如下图所示。

03 设置亮度 / 对比度

在"亮度 / 对比度"对话框中设置"亮度"为 50，"对比度"为 30，然后单击"确定"按钮，如下图所示。

04 查看调整效果

此时照片的亮度和对比度都得到了提高，照片效果也得到了一定程度上的改善，如下图所示。

5.2.4 增强照片清新的色调氛围

"曲线"命令是 Photoshop 中功能最强大、参数最丰富的一个工具，通过它可以调整图像的亮度、对比度和色彩等属性。单击"图像"|"调整"|"曲线"命令或按【Ctrl+M】组合键，将弹出"曲线"对话框。

在"曲线"对话框中，水平轴表示图像处理前的亮度值，即图像的输入值；垂直轴表示图像处理后的亮度值，即图像的输出值。在 RGB 颜色模式下，曲线对亮度的调整方式最常见的有以下几种：

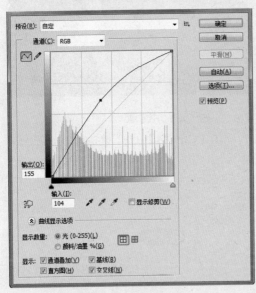 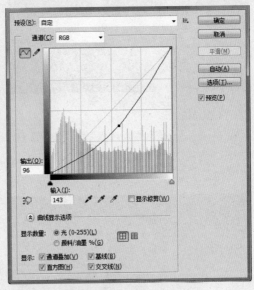

曲线向上，增加图像亮度　　　　　　　曲线向下，降低图像亮度

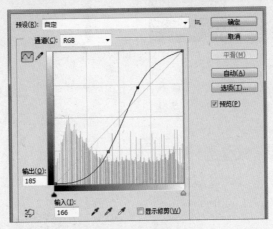

曲线为S形，增加图像对比度

在"曲线"对话框的"通道"下拉列表框中选择不同的颜色通道（如右图所示），调整曲线后可以改变图像的颜色。

下面将通过实例介绍如何使用"曲线"命令调整照片，具体操作方法如下：

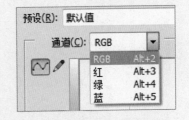

01 创建选区

打开"光盘：素材 \05\ 柯基犬 .jpg"，选择套索工具 ⊘，拖动鼠标将较暗的区域选中，如下图所示。

02 羽化选区

单击"选择"|"修改"|"羽化"命令，弹出"羽化"对话框，设置参数，单击"确定"按钮，如下图所示。

03 调整图像亮度

按【Ctrl+M】组合键，弹出"曲线"对话框，向上调整曲线，单击"确定"按钮，如下图所示。

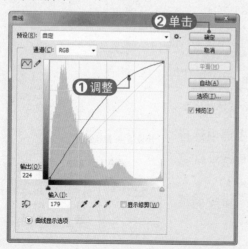

04 查看调整效果

按【Ctrl+D】组合键取消选区，可以看到图像中较暗的部分已经提亮，如下图所示。

05 调整"红"通道

按【Ctrl+M】组合键，弹出"曲线"对话框，选择"红"通道，向下拖动曲线，减少照片的红色，如下图所示。

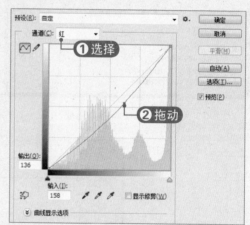

06 调整"绿"通道

在"通道"下拉列表框中选择"绿"通道，向上拖动曲线，增加照片的绿色，如下图所示。

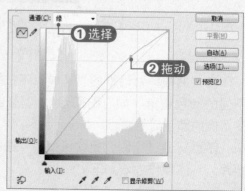

07 调整"蓝"通道

在"通道"下拉列表框中选择"蓝"通道，向下拖动曲线，减少照片的蓝色，单击"确定"按钮，如下图所示。

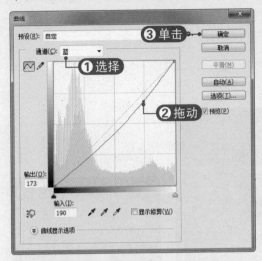

08 查看调整效果

此时可以看到图像的色调已经发生了明显的变化，如下图所示。

09 调整图像亮度

按【Ctrl+M】组合键，弹出"曲线"对话框，适当调整曲线，单击"确定"按钮，如下图所示。

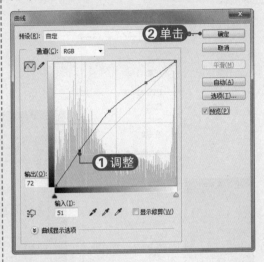

10 查看最终效果

此时照片的亮度进一步提升，查看数码照片的最终效果，如下图所示。

5.3 调整数码照片的色彩倾向

Photoshop CC 提供的用于调整数码照片色彩的命令主要有"自动颜色"、"匹配颜色"、"渐变映射"、"色相/饱和度"、"替换颜色"和"调整图层"等，下面将使用它们对数码照片进行调色。

5.3.1 使用调整图层调整照片的颜色

使用调整图层处理图像不但可以达到使用菜单命令处理图像的效果，而且更方便以后的更改操作，因此调整图层在处理数码照片的过程中经常用到。下面将介绍如何使用调整图层来调整照片的颜色。

1．认识调整图层

调整图层将图层操作、调整操作和蒙版操作完美地结合在一起，属于非破坏性的调整操作。单击"图层"面板下方的"创建新的填充或调整图层"按钮，在弹出的下拉菜单中选择相应的选项，即可打开相应的面板，进行设置后即可创建相应的调整图层，如下图所示。

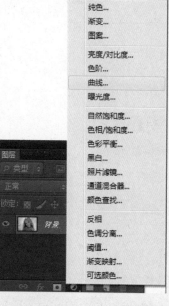

使用调整图层处理图像，可以使图像调整操作具有更大的灵活性。调整图层的效果范围受到调整图层中蒙版的制约，关闭蒙版则调整图层效果将作用于全图。

2．调整图层的使用

下面将通过实例介绍如何使用调整图层，具体操作方法如下：

01 打开素材文件

单击"文件"|"打开"命令，打开"光盘：素材 \ 05\ 小女孩 .jpg"，如下图所示。

02 调整曲线

单击"创建新的填充或调整图层"按钮，选择"曲线"选项，在弹出的面板中将曲线调整成 S 形，如下图所示。

03 查看图像效果

此时可以看到图像的对比度得到了增强，但人物头发某些部分和眼睛的对比度过强，导致细节有损失，如下图所示。

05 添加可选颜色

单击"创建新的填充或调整图层"按钮，选择"可选颜色"选项，在弹出的面板中设置参数，对图像中的绿色进行调整，如下图所示。

04 编辑调整图层蒙版

选择画笔工具，设置前景色为黑色，"不透明度"为35%，在对比度过强的地方进行涂抹，去除这些地方的调整效果，如下图所示。

06 调整亮度 / 对比度

单击"创建新的填充或调整图层"按钮，选择"亮度 / 对比度"选项，在弹出的面板中设置参数，即可得到最终效果，如下图所示。

5.3.2 自动调整照片的颜色

在 Photoshop CC 中，"自动颜色"调整命令位于"图像"菜单下，由 Photoshop 自动查找照片像素的明暗区域并进行调整，主要是对图像整体效果的调整。

打开一幅照片后，单击"图像"|"自动颜色"命令，即可得到调整效果，前后对比效果如下图所示。

5.3.3 应用"色相/饱和度"命令增强照片鲜亮的颜色

使用"色相/饱和度"命令可以调整数码照片单个颜色的色相、饱和度和亮度。下面将通过实例介绍如何使用"色相/饱和度"命令调整照片颜色，具体操作方法如下：

01 打开素材文件

单击"文件"|"打开"命令，打开"光盘：素材\05\薰衣草.jpg"，如下图所示。

02 打开对话框

单击"图像"|"调整"|"色相/饱和度"命令，弹出"色相/饱和度"对话框，如下图所示。

03 设置色相/饱和度

设置"色相"为4，"饱和度"为38，"明度"为2，单击"确定"按钮，如下图所示。

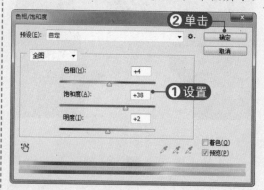

04 查看照片效果

此时可以看到照片的颜色变得比较鲜艳，主题也更加突出，如下图所示。

5.3.4 应用"匹配颜色"命令混合照片的颜色

"匹配颜色"命令可以使多个图像文件、多个图层和多个色彩之间进行颜色匹配。使用该命令前，必须确保图像颜色模式为 RGB 颜色模式。

下面将通过实例介绍如何使用"匹配颜色"命令调整照片颜色，具体操作方法如下：

01 打开素材文件

打开"光盘：素材\05\铁塔.jpg"，这是一幅RGB颜色模式的照片，如下图所示。

02 打开处理照片

打开"光盘：素材\05\海边.jpg"，这是要进行颜色处理的照片，如下图所示。

03 匹配颜色

单击"图像"|"调整"|"匹配颜色"命令，弹出对话框，在"源"下拉列表框中选择"铁塔.jpg"，然后设置各项参数，单击"确定"按钮，如下图所示。

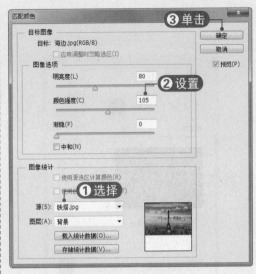

04 查看匹配效果

此时可以看到落日的颜色自动应用到湖面照片中，匹配效果别具一格，如下图所示。

5.3.5 应用"替换颜色"命令制作红叶效果

使用"替换颜色"命令可以替换数码照片中指定的颜色。下面将通过实例介绍如何使用"替换颜色"命令调整照片颜色，具体操作方法如下：

01 打开素材文件

单击"文件"|"打开"命令，打开"光盘：素材\05\落叶.jpg"，如右图所示。

02 打开"替换颜色"对话框

单击"图像"|"调整"|"替换颜色"命令，弹出"替换颜色"对话框，此时默认选择吸管工具 ✒️，如下图所示。

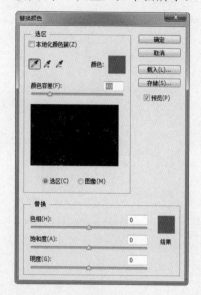

03 选择要被替换颜色

使用吸管工具 ✒️ 在绿色树叶上单击吸取绿色，在"替换颜色"对话框中设置"颜色容差"值为 100，以增加相似的颜色范围，如下图所示。

04 继续取样

选择"添加到取样"工具 ✒️，继续在照片中的绿叶上单击鼠标左键，直至绿色部分完全被选取，如下图所示。

05 调整替换颜色

拖动"色相"滑块，调整替换颜色；拖动"饱和度"滑块，调整替换颜色的饱和度，单击"确定"按钮，如下图所示。

06 查看颜色替换效果

此时可以看到图像中的绿色已经被替换为红色，如下图所示。

5.3.6 应用"渐变映射"命令调整个性色调

"渐变映射"命令用于将相等的图像灰度范围映射到指定的渐变填充色上。如果指定双色渐变，则图像中的暗调映射到渐变填充的一个端点颜色，高光映射到另一个端点颜色，中间调映射到两个端点间的颜色。

下面将通过实例介绍如何使用"渐变映射"命令调整照片个性色调，具体操作方法如下：

01 复制图层

打开"光盘：素材 \ 05\ 花海 .jpg"，按【Ctrl+J】组合键复制"背景"图层，得到"图层 1"，如下图所示。

02 执行渐变映射

单击"图像"|"调整"|"渐变映射"命令，弹出对话框，单击渐变条，如下图所示。

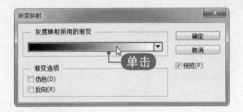

03 选择渐变色

弹出"渐变编辑器"对话框，设置渐变色为紫色到白色，单击"确定"按钮，如下图所示。

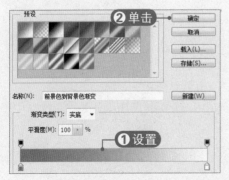

04 确认渐变设置

返回"渐变映射"对话框，单击"确定"按钮，如下图所示。

05 查看渐变效果

此时在图像窗口中可以查看添加了渐变映射后的照片效果，如下图所示。

06 更改图层混合模式

在"图层"面板中设置"图层 1"的图层混合模式为"颜色加深"，"不透明度"为 60%，最终效果如下图所示。

Chapter 06
人像照片磨皮高级技法

　　人物面部皮肤的好坏是决定其漂亮与否的重要因素。每个人都渴望拥有光滑、白皙、富有光泽的皮肤，而"肤若凝脂"、"吹弹可破"更是对人物好皮肤的生动描述。下面将详解介绍如何在 Photoshop 中对人物的皮肤进行磨皮，以及如何打造质感皮肤效果等。

6.1　人物面部皮肤的修饰

下面将详解介绍如何在 Photoshop CC 中对人物的面部皮肤进行精修，如去除脸部雀斑、去除脸部皱纹、去除青春痘，以及去除脸上的油光等。

6.1.1　简单去除脸部雀斑

雀斑是非常恼人的皮肤问题，它会使人的肤色暗淡无光。下面将介绍如何为照片人物简单地去除雀斑，具体操作方法如下：

01 复制图层

打开"光盘：素材 \06\ 祛斑磨皮 .jpg"，按【Ctrl+J】组合键复制"背景"图层，得到"图层 1"，如下图所示。

02 设置图层混合模式

设置"图层 1"的图层混合模式为"叠加"，按【Ctrl+I】组合键反相，如下图所示。

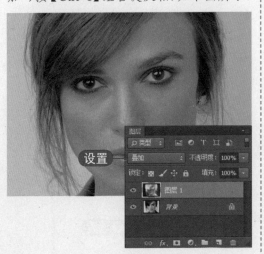

03 应用"高反差保留"滤镜

单击"滤镜"|"其他"|"高反差保留"命令，弹出对话框，设置各项参数，单击"确定"按钮，如下图所示。

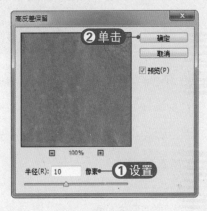

04 应用"高斯模糊"滤镜

单击"滤镜"|"模糊"|"高斯模糊"命令，在弹出的对话框中设置滤镜参数，单击"确定"按钮，如下图所示。

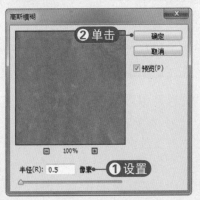

05 添加蒙版

按【Alt】键的同时单击"添加图层蒙版"按钮 ，设置前景色为白色，选择画笔工具 ，对需要柔化的皮肤部分进行涂抹，如下图所示。

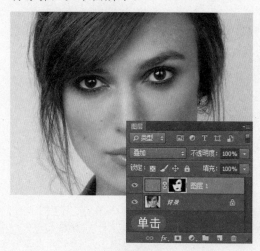

06 设置图层不透明度

设置"图层1"的"不透明度"为85%，保留皮肤的一些细节，最终效果如下图所示。

6.1.2 去除脸部皱纹

许多上了年纪的朋友都希望自己拍摄的数码照片看起来年轻一些，下面将介绍如何去除脸上的皱纹，具体操作方法如下：

01 打开素材文件

单击"文件"|"打开"命令，打开"光盘：素材 \06\ 去皱 .jpg"，如下图所示。

03 应用"蒙尘与划痕"滤镜

单击"滤镜"|"杂色"|"蒙尘与划痕"命令，在弹出的对话框中设置参数，单击"确定"按钮，如下图所示。

02 去除明显皱纹

选择修复画笔工具 ，按住【Alt】键在皮肤上没有皱纹的地方进行取样，去除一些比较明显的皱纹。按【Ctrl+J】组合键，得到"图层1"，如下图所示。

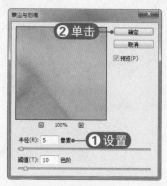

04 添加蒙版

按住【Alt】键的同时单击"添加图层蒙版"按钮 ，为"图层1"添加图层蒙版，如下图所示。

06 查看最终效果

此时可以看到人物皱纹已经基本去除，最终效果如下图所示。

05 编辑蒙版

设置前景色为白色，选择画笔工具 ，对人物脸部皱纹部分进行涂抹，如下图所示。

6.1.3 去除青春痘

青春痘十分影响数码照片中人物的美观性，使用 Photoshop CC 能够快速、有效地去除青春痘，美化人物形象。下面将详细介绍如何去除照片人物脸上的青春痘，具体操作方法如下：

01 打开素材文件

单击"文件"|"打开"命令，打开"光盘：素材 \04\ 祛痘 .jpg"，如下图所示。

令，在弹出的对话框中将曲线向下调整，单击"确定"按钮，如下图所示。

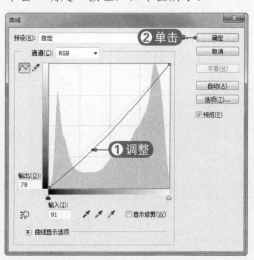

02 调整曲线

单击"图像"|"调整"|"曲线"命

03 修复较大的痘痘

选择污点修复画笔工具 ，设置合适的笔刷大小，在脸上较大的青春痘上单击将其清除，如下图所示。

04 复制通道

按【Ctrl+J】组合键，得到"图层1"。单击"窗口"|"通道"命令，将"蓝"通道拖到"创建新通道"按钮 上，得到"蓝 拷贝"通道，如下图所示。

05 应用"高反差保留"滤镜

单击"滤镜"|"其他"|"高反差保留"命令，在弹出的对话框中设置"半径"为3像素，单击"确定"按钮，如下图所示。

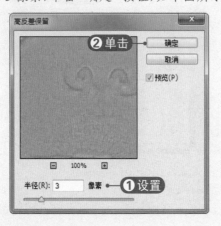

06 查看图像

应用"高反差保留"滤镜后，可以看到图像中轮廓对比比较强烈的地方被保留了下来，如下图所示。

07 执行"计算"命令

单击"图像"|"计算"命令，在弹出的对话框中设置参数，单击"确定"按钮，如下图所示。

08 执行"计算"命令

使用同样的参数再执行两次"计算"命令，如下图所示。

09 载入选区

按【Ctrl+2】组合键，显示出RGB通道。按住【Ctrl】键的同时单击 Alpha 3 通道的缩览图，载入选区，如下图所示。

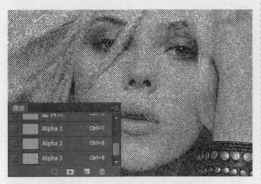

⑩ 反选并隐藏选区

按【Ctrl+Shift+I】组合键反选选区，按【Ctrl+H】组合键隐藏选区,如下图所示。

⑪ 调亮图像

单击"图像"|"调整"|"曲线"命令，在弹出的对话框中将曲线向上调整，单击"确定"按钮，如下图所示。

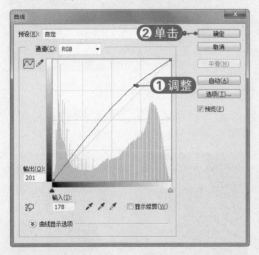

⑫ 查看调亮效果

此时可以看到人物脸中的痘痘已经得到了比较明显的改善，如下图所示。

⑬ 调整图层属性

按【Ctrl+J】组合键，得到"图层2"。设置其图层混合模式为"滤色"、"不透明度"为35%，如下图所示。

⑭ 处理细节

按【Ctrl+Shift+Alt+E】组合键，盖印所有图层。选择加深工具，对人物头发、眉毛、眼睛和嘴巴进行加深处理。选择减淡工具，对人物脸上痘印处颜色较深的地方进行减淡处理，即可得到最终效果，如下图所示。

6.1.4 去除脸上的油光

年轻人油脂分泌旺盛,脸部泛油是常事,尤其是油性皮肤,远远看去可以用"油光锃亮"来形容,非常影响美观。下面将介绍如何去除照片人物脸上的油光,具体操作方法如下:

01 打开素材文件

单击"文件"|"打开"命令,打开"光盘:素材\06\油光.jpg",如下图所示。

02 改变图像模式

单击"图像"|"模式"|"CMYK 颜色"命令,在弹出的对话框中单击"确定"按钮,如下图所示。

03 复制图层

按【Ctrl+J】组合键复制"背景"图层,得到"图层 1",如下图所示。

04 选择通道

单击"窗口"|"通道"命令,在弹出的"通道"面板中按住【Shift】键选择"洋红"和"黄色"通道,如下图所示。

05 去除油光

选择加深工具,选择一个柔边画笔,设置"范围"为"高光"、"曝光度"为 5%,然后在人物脸部皮肤高光处进行涂抹,如下图所示。

06 查看最终效果

在"通道"面板中单击 CMYK 通道,即可查看去除油光后的效果,如下图所示。

6.2 人像照片磨皮精修技法

磨皮现在已经成为处理人像照片的一个重要环节，因为拍摄的人物不可能都拥有完美无暇的皮肤。在 Photoshop 中可以采用多种磨皮方法处理人像照片，能使人物皮肤更加细腻，更加美丽。

6.2.1 为人物保留细节磨皮

有时磨皮后的照片会缺失了皮肤的真实质感，这时可以先用高斯模糊处理，然后使用"应用图像"命令及滤镜等把皮肤的细节处理清晰，具体操作方法如下：

01 去除眼尾纹

打开"光盘：素材 \06\ 增强肌肤质感 .jpg"，选择污点修复画笔工具 ，在人物眼部单击去除眼尾纹，如下图所示。

02 复制图层

按【Ctrl++】组合键放大照片，按【Ctrl+J】组合键两次复制"背景"图层，将"图层 1 拷贝"隐藏，选择"图层 1"，如下图所示。

03 应用"表面模糊"滤镜

单击"滤镜"|"模糊"|"表面模糊"

命令，在弹出的对话框中设置参数，单击"确定"按钮，如下图所示。

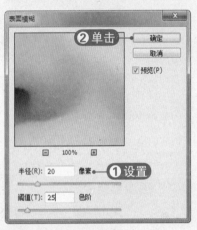

04 设置图层不透明度

设置"图层 1"的"不透明度"为 65%，如下图所示。

05 应用图像

将"图层 1 拷贝"显示并选择，单击"图像"|"应用图像"命令，在弹出的对话框中设置参数，单击"确定"按钮，如下图所示。

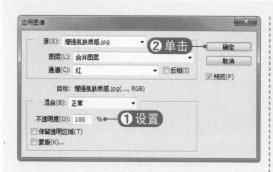

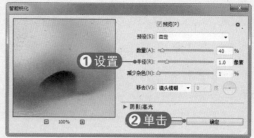

06 应用"高反差保留"滤镜

单击"滤镜"|"其他"|"高反差保留"命令，在弹出的对话框中设置滤镜参数，单击"确定"按钮，如下图所示。

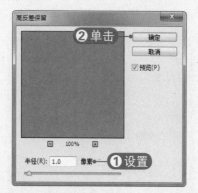

07 设置图层混合模式

设置"图层1拷贝"的图层混合模式为"线性光"，此时皮肤有了一些质感，如下图所示。

08 应用"智能锐化"滤镜

按【Ctrl+Alt+Shift+E】组合键盖印可见图层，得到"图层2"。单击"滤镜"|"锐化"|"智能锐化"命令，在弹出的对话框中设置滤镜参数，单击"确定"按钮，如下图所示。

09 设置滤镜参数

单击"滤镜"|"其他"|"自定"命令，在弹出的对话框中设置滤镜参数，单击"确定"按钮，如下图所示。

10 设置渐隐

单击"编辑"|"渐隐"命令，在弹出的对话框中设置渐隐参数，单击"确定"按钮，如下图所示。

11 添加蒙版

单击"添加图层蒙版"按钮，设置前景色为黑色，选择画笔工具，对皮肤部分进行涂抹，去除一些锐化效果，如下图所示。

⑫ 调整亮度 / 对比度

单击"创建新的填充或调整图层"按钮 ，选择"亮度 / 对比度"选项，在弹出的调整面板中设置调整参数，最终效果如右图所示。

6.2.2 为满脸雀斑的美女磨皮

对于雀斑非常严重的情况，雀斑的反差也比较大，一次没办法去干净可以多次去除。当雀斑被消除后，原来雀斑周围的正常皮肤就显得非常刺眼，所以最后要进行一次消除斑白，具体操作方法如下：

⓵ 打开素材文件

单击"文件"|"打开"命令，打开"光盘：素材 \06\ 雀斑美女 .jpg"，如下图所示。

⓶ 复制通道

打开"通道"面板，选择"蓝"通道，将其拖至"创建新通道"按钮 上，得到"蓝拷贝"通道，如下图所示。

⓷ 应用"高反差保留"滤镜

单击"滤镜"|"其他"|"高反差保留"命令，在弹出的对话框中设置滤镜参数，单击"确定"按钮，如下图所示。

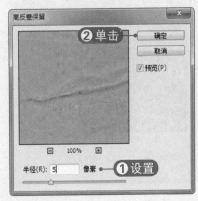

⓸ 调整阈值

单击"图像"|"调整"|"阈值"命令，弹出"阈值"对话框，设置阈值色阶为120，单击"确定"按钮，如下图所示。

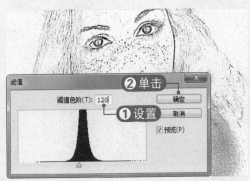

⑤ 擦除轮廓

设置前景色为白色，选择画笔工具 ![画笔]，适当设置画笔硬度，把人物的轮廓部分擦除，保留雀斑部分，如下图所示。

⑥ 应用"高斯模糊"滤镜

按【Ctrl+I】组合键反相图像，单击"滤镜"|"模糊"|"高斯模糊"命令，在弹出的对话框中设置模糊半径为 0.5 像素，单击"确定"按钮，如下图所示。

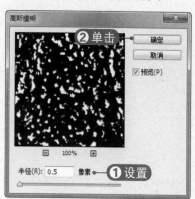

⑦ 载入选区

按住【Alt】键的同时单击"蓝拷贝"通道缩览图，载入选区。单击"蓝"通道，按【Ctrl+H】组合键隐藏选区，如下图所示。

⑧ 调整"蓝"通道

按【Ctrl+M】组合键，弹出"曲线"对话框，设置各项参数，单击"确定"按钮，如下图所示。

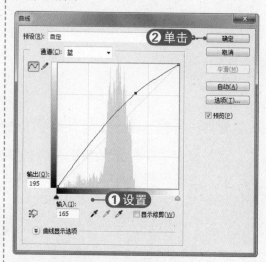

⑨ 调整"绿"通道

单击"绿"通道，按【Ctrl+M】组合键，弹出"曲线"对话框，设置各项参数，单击"确定"按钮，如下图所示。

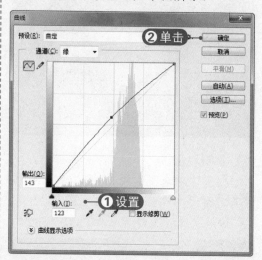

⑩ 调整"红"通道

单击"红"通道，按【Ctrl+M】组合键，弹出"曲线"对话框，设置各项参数，单击"确定"按钮，如下图所示。

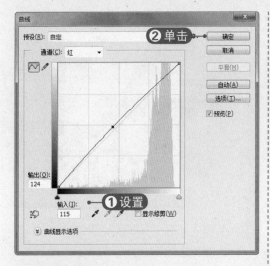

⑪ 复制通道

选择"蓝"通道，将其拖至"创建新通道"按钮🔳上，得到"蓝 拷贝 2"通道，如下图所示。

⑫ 重复操作

按【Ctrl+D】组合键取消选区，然后重复操作，即可去掉剩下的雀斑。按【Ctrl+2】组合键显示 RGB 通道，如下图所示。

⑬ 调整曲线

在"图层"面板中单击"创建新的填充或调整图层"按钮🄾，选择"曲线"选项，在弹出的面板中设置参数，如下图所示。

⑭ 设置图层混合模式

设置"曲线 1"的图层混合模式为"滤色"，此时人物脸上的雀斑已经清除干净，查看最终效果，如下图所示。

6.2.3 为偏暗的人物美白

本实例先利用多图层叠加把照片稍微调亮，然后在"通道"面板复制细节较好的通道，再通过滤镜及计算等得到暗调部分的选区，用曲线等工具把暗部调亮一点，最后再对细节进行美化，具体操作方法如下：

01 复制图层

打开"光盘：素材 \06\偏暗.jpg"，按【Ctrl+J】组合键复制"背景"图层，得到"图层1"，如下图所示。

02 设置图层混合模式

设置"图层1"的图层混合模式为"滤色"，"不透明度"为60%，如下图所示。

03 盖印图层

按【Ctrl+Alt+Shift+E】组合键盖印可见图层，得到"图层2"，如下图所示。

04 复制通道

打开"通道"面板，选择"蓝"通道，将其拖至"创建新通道"按钮 上，得到

"蓝拷贝"通道，如下图所示。

05 应用"高反差保留"滤镜

单击"滤镜"|"其他"|"高反差保留"命令，在弹出的对话框中设置滤镜参数，单击"确定"按钮，如下图所示。

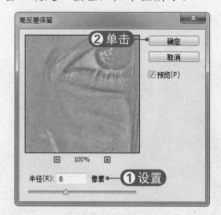

06 应用"最小值"滤镜

单击"滤镜"|"其他"|"最小值"命令，在弹出的对话框中设置滤镜参数，单击"确定"按钮，如下图所示。

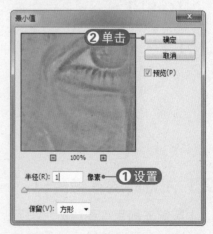

07 执行"计算"命令

单击"图像"|"计算"命令，在弹出的对话框中设置各项参数，单击"确定"按钮，如下图所示。

08 重复执行"计算"命令

重复执行两次"计算"命令，此时在"通道"面板中得到 Alpha 2 和 Alpha 3 通道，如下图所示。

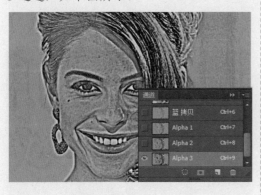

09 反选选区

按住【Ctrl】键的同时单击 Alpha 3 通道缩览图，调出选区。按【Ctrl+Shift+I】组合键将选区反选，按【Ctrl+2】组合键显示 RGB 通道，如下图所示。

10 调整曲线

单击"创建新的填充或调整图层"按钮，选择"曲线"选项，在弹出的面板中设置各项参数，最终效果如下图所示。

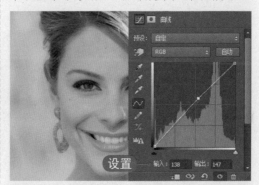

6.2.4 为粗糙的皮肤润色

本实例素材照片整体以红褐色为主，在制作过程中适当加入一些绿色，使人物皮肤看上去质感突出，层次分明。对人物皮肤润色后，再利用模糊工具为其简单磨皮，具体操作方法如下：

01 复制图层

打开"光盘：素材 \06\ 金发女郎 .jpg"，按【Ctrl+J】组合键复制"背景"图层，得到"图层 1"，如右图所示。

⓪② 调整色彩平衡

　　单击"创建新的填充或调整图层"按钮，选择"色彩平衡"选项，在弹出的面板中设置各项参数，如下图所示。

⓪③ 调整可选颜色

　　单击"创建新的填充或调整图层"按钮，选择"可选颜色"选项，在弹出的面板中设置各项参数，如下图所示。

⓪④ 调整照片滤镜

　　单击"创建新的填充或调整图层"按钮，选择"照片滤镜"选项，在弹出的面板中设置各项参数，如下图所示。

⓪⑤ 调整色相 / 饱和度

　　单击"创建新的填充或调整图层"按钮，选择"色相 / 饱和度"选项，在弹出的面板中设置各项参数，如下图所示。

⓪⑥ 调出高光选区

　　按【Ctrl+Alt+Shift+E】组合键盖印可见图层，按【Ctrl+Alt+2】组合键调出高光选区，如下图所示。

⓪⑦ 调整曲线

　　单击"创建新的填充或调整图层"按钮，选择"曲线"选项，在弹出的面板中设置各项参数，如下图所示。

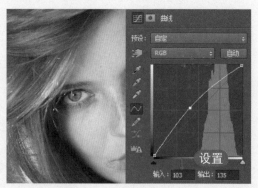

08 调整照片滤镜

单击"创建新的填充或调整图层"按钮 ⊘，选择"照片滤镜"选项，在弹出的面板中设置各项参数，如下图所示。

10 修饰细节

按【Ctrl+Alt+Shift+E】组合键盖印可见图层，选择污点修复画笔工具 ✍ 和模糊工具 ◍ ，对人物皮肤细微处进行涂抹去除雀斑，最终效果如下图所示。

09 调整可选颜色

单击"创建新的填充或调整图层"按钮 ⊘，选择"可选颜色"选项，在弹出的面板中设置各项参数，如下图所示。

6.2.5 快速美白皮肤

所谓"一白遮三丑"，白皙的肌肤是每个女孩子所追求的。在 Photoshop CC 中可以轻松地为女孩打造细腻、白嫩的皮肤。下面将详细介绍如何为照片人物快速美白，具体操作方法如下：

01 复制图层

打开"光盘：素材 \06\ 美白 .jpg"，按【Ctrl+J】组合键复制"背景"图层，得到"图层 1"，如下图所示。

02 设置图层混合模式

设置"图层 1"的图层混合模式为"滤色"、"不透明度"为 50%，此时可以看到图像中人物皮肤的黄色已经减弱，如下图所示。

03 调整可选颜色

单击"创建新的填充或调整图层"按钮，选择"可选颜色"选项，在弹出的面板中设置各项参数，如下图所示。

04 调整颜色

继续在"属性"面板中调整"黑色"选项的参数，如下图所示。

05 调整对比度

单击"创建新的填充或调整图层"按钮，选择"亮度/对比度"选项，在弹出的面板中设置各项参数。此时可以看到人物的皮肤已经变得白皙动人，如下图所示。

6.2.6 为单调的人像磨皮及润色

本实例素材照片中人物的皮肤比较粗糙，整体以红褐色为主，在制作过程中将人物皮肤的饱和度降低，肤色变得自然即可，具体操作方法如下：

01 复制图层

打开"光盘：素材\06\润色.jpg"。按【Ctrl+J】组合键复制"背景"图层，得到"图层 1"，如下图所示。

02 应用"表面模糊"滤镜

单击"滤镜"|"模糊"|"表面模糊"命令，在弹出的对话框中设置滤镜参数，单击"确定"按钮，如下图所示。

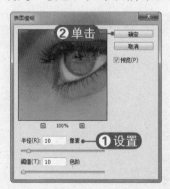

03 新建图层

单击"图层"面板中的"创建新图层"按钮□，新建"图层 2"，如下图所示。

04 填充图层

单击"编辑"|"填充"命令，弹出"填充"对话框，设置参数，单击"确定"按钮，如下图所示。

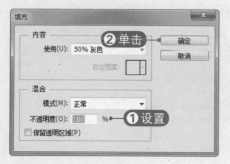

05 设置图层混合模式

设置"图层 2"的图层混合模式为"强光"，如下图所示。

06 应用"添加杂色"滤镜

单击"滤镜"|"杂色"|"添加杂色"命令，在弹出的对话框中设置滤镜参数，单击"确定"按钮，如下图所示。

07 应用"高斯模糊"滤镜

单击"滤镜"|"模糊"|"高斯模糊"命令，在弹出的对话框中设置滤镜参数，单击"确定"按钮，如下图所示。

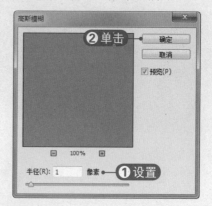

08 颜色取样

选择吸管工具☑，对人物皮肤的平均颜色取样，单击"颜色"面板中的 ☰ 按钮，在弹出的下拉菜单中选择"HSB 滑块"选项，如下图所示。

09 调整色相／饱和度

按【Ctrl+U】组合键，弹出"色相／饱和度"对话框，设置各项参数，单击"确定"按钮，如下图所示。

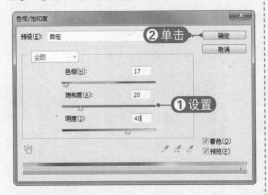

10 添加蒙版

按住【Alt】键的同时单击"添加图层蒙版"按钮 ◙，为"图层2"添加蒙版，如下图所示。

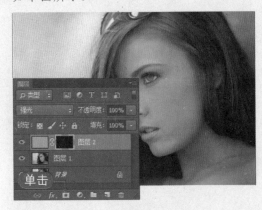

11 编辑蒙版

设置前景色为白色，选择画笔工具 ▨，对需要润色的皮肤部分进行涂抹，如下图所示。

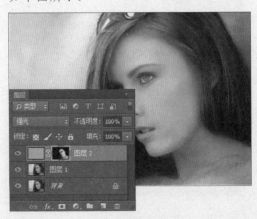

12 调整色相／饱和度

选择"图层2"的缩览图，按【Ctrl+U】组合键，弹出"色相／饱和度"对话框，设置各项参数，单击"确定"按钮，如下图所示。

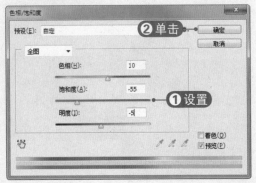

13 应用图像

单击"图像"|"应用图像"命令，弹出对话框，设置各项参数，单击"确定"按钮，如下图所示。

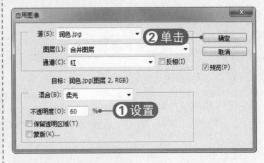

14 查看最终效果

此时人物皮肤的饱和度明显降低，肤色也更加自然，最终效果如下图所示。

6.3 打造质感肌肤高级技法

下面将详细介绍如何在 Photoshop 中借助多种滤镜和专业颜色调配方法对人像皮肤进行特殊的艺术化处理，制作出颇具质感并有视觉冲击力的效果。

6.3.1 制作黑金质感肌肤

在本实例制作过程中金色调色部分比较简单，利用纯色叠加及一些调色工具即可实现，但质感部分制作需要非常细心，需要控制好高光部分的光感，具体操作方法如下：

01 打开素材文件

单击"文件"|"打开"命令，打开"光盘：素材\06\黑金肤色.jpg"，如下图所示。

02 填充纯色

单击"创建新的填充或调整图层"按钮，选择"纯色"选项，在弹出的对话框中设置各项参数，单击"确定"按钮，如下图所示。

03 设置图层混合模式

设置"颜色填充1"的图层混合模式为"颜色"，查看此时的照片效果，如下图所示。

04 调整色阶

单击"创建新的填充或调整图层"按钮，选择"色阶"选项，在弹出的面板中设置各项参数，如下图所示。

05 调整曲线

单击"创建新的填充或调整图层"按钮 ，选择"曲线"选项，在弹出的面板中设置各项参数，如下图所示。

06 涂抹高光区域

按【Ctrl+I】组合键反相图像，设置前景色为白色，选择画笔工具 ，在属性栏中设置"不透明度"为60%，对人物高光区域进行涂抹，如下图所示。

07 调整色彩平衡

单击"创建新的填充或调整图层"按钮 ，选择"色彩平衡"选项，在弹出的面板中设置各项参数，如下图所示。

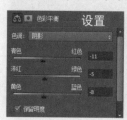

08 设置"高光"选项

继续在面板中设置"高光"选项的各项参数，查看照片效果，如下图所示。

09 编辑蒙版

单击"颜色填充1"蒙版缩览图，设置前景色为黑色，选择画笔工具 ，在属性栏中设置"不透明度"为60%，对人物嘴唇部分进行涂抹，如下图所示。

10 调整色阶

单击"创建新的填充或调整图层"按钮 ，选择"色阶"选项，单击"颜色填充1"蒙版缩览图，按住【Alt】键将其拖至"色阶2"蒙版缩览图上，如下图所示。

⑪ 替换图层蒙版

在弹出的提示信息框中单击"是"按钮，替换图层蒙版，如下图所示。

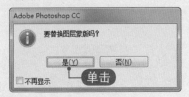

⑫ 调整色阶

按【Ctrl+I】组合键反相图像，在"色阶2"的属性面板中设置各项参数，查看照片效果，如下图所示。

⑬ 添加纯色

返回"图层"面板最顶层，单击"创建新的填充或调整图层"按钮，选择"纯色"选项，在弹出的对话框中设置各项参数，单击"确定"按钮，如下图所示。

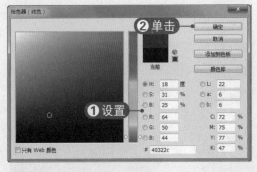

⑭ 设置图层混合模式

设置"颜色填充2"的图层混合模

式为"柔光"，增强人物皮肤质感。按【Ctrl+Alt+Shift+E】组合键，得到"图层1"，如下图所示。

⑮ 应用"镜头光晕"滤镜

单击"滤镜"|"渲染"|"镜头光晕"命令，在弹出的对话框中设置滤镜参数，单击"确定"按钮，如下图所示。

⑯ 查看最终效果

此时即可得到超酷黑金质感肤色的最终效果，如下图所示。

6.3.2 制作黄金质感肤色效果

本实例通过将人物皮肤抠出应用"塑料包装"滤镜来打造金属质感皮肤效果，然后把人物肤色压暗，慢慢把高光部分调出来进行提亮。基本质感制作好之后，最后对皮肤进行调色和渲染，具体操作方法如下：

01 打开素材文件

单击"文件"|"打开"命令，打开"光盘：素材\06\金色皮肤.jpg"，如下图所示。

02 复制图像

选择快速选择工具，在人物皮肤上拖动鼠标创建选区。按【Ctrl+J】组合键复制选区内的图像，得到"图层1"，如下图所示。

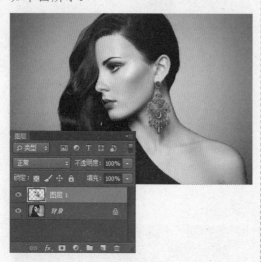

03 图像去色

单击"图像"|"调整"|"去色"命令，将图像的颜色去掉，如下图所示。

04 应用"塑料包装"滤镜

单击"滤镜"|"滤镜库"|"艺术效果"|"塑料包装"命令，在弹出的对话框中设置各项参数，单击"确定"按钮，如下图所示。

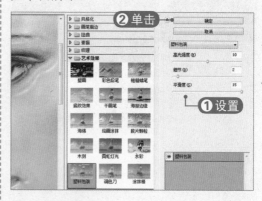

05 调整色阶

单击"创建新的填充或调整图层"按钮，选择"色阶"选项，在弹出的面板中设置各项参数，如下图所示。

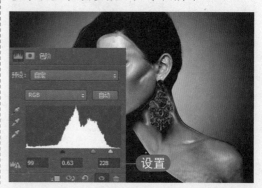

06 隐藏图层

按【Ctrl+Alt+2】组合键调出高光选区，将"色阶1"和"图层1"隐藏，如下图所示。

07 调整曲线

单击"创建新的填充或调整图层"按钮⊘，选择"曲线"选项，在弹出的面板中设置各项参数，如下图所示。

08 调整色相/饱和度

单击"图层1"缩览图，调出人物选区。单击"创建新的填充或调整图层"按钮⊘，选择"色相/饱和度"选项，在弹出的面板中设置各项参数，如下图所示。

09 调整色彩平衡

单击"图层1"缩览图，调出人物选区。单击"创建新的填充或调整图层"按钮⊘，选择"色彩平衡"选项，在弹出的面板中设置各项参数，如下图所示。

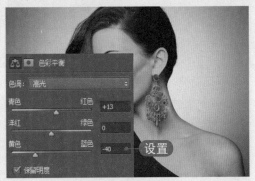

10 复制并设置图层

按【Ctrl+J】组合键复制调整图层，得到"色彩平衡1拷贝"，在其属性面板中更改"高光"参数，如下图所示。

11 调整色相/饱和度

单击"创建新的填充或调整图层"按钮⊘，选择"色相/饱和度"选项，在弹出的面板中设置各项参数，如下图所示。

⑫ 设置图层不透明度

　　将"色相/饱和度2"调整图层的"不透明度"设置为80%，如下图所示。

⑬ 应用图像

　　按【Ctrl+Alt+Shift+E】组合键盖印可见图层。单击"图像"|"应用图像"命令，在弹出的对话框中设置各项参数，单击"确定"按钮，如下图所示。

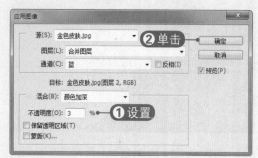

⑭ 盖印可见图层

　　按【Ctrl+Alt+Shift+E】组合键盖印可见图层，得到"图层3"，此时人物肤色对比加深，如下图所示。

⑮ 应用"高反差保留"滤镜

　　单击"滤镜"|"其他"|"高反差保留"命令，在弹出的对话框中设置"半径"值为2像素，单击"确定"按钮，如下图所示。

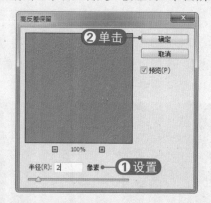

⑯ 设置图层混合模式

　　设置"图层3"的图层混合模式为"柔光"，增强人物皮肤质感，即可得到黄金质感肤色效果，如下图所示。

6.3.3 制作黑人质感肤色效果

　　通过应用"计算"命令将模特的肤色由偏黄变为黝黑，然后利用"添加杂色"滤镜、"色彩平衡"、"色阶"命令将肤色调整得更加自然，最后利用"曝光度"选项增强皮肤的明暗反差效果。制作黝黑皮肤效果的具体操作方法如下：

01 打开素材文件

单击"文件"|"打开"命令,打开"光盘:素材 \06\ 黑人肤色 .jpg",如下图所示。

02 创建选区

选择快速选择工具 ,在人物皮肤部分拖动鼠标创建选区,如下图所示。

03 羽化选区

按【Shift+F6】组合键,弹出"羽化选区"对话框,设置羽化半径,单击"确定"按钮。按【Ctrl+J】组合键,得到"图层 1",如下图所示。

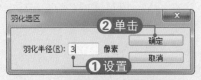

04 计算通道

单击"图像"|"计算"命令,弹出对话框,设置各项参数,单击"确定"按钮,如下图所示。

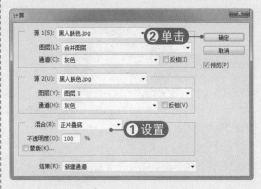

05 查看通道

打开"通道"面板,发现经过计算产生了一个新的 Alpha 1 通道,如下图所示。

06 复制图像

按【Ctrl+A】组合键全选图像,按【Ctrl+C】组合键复制图像。选择 RGB 通道,在"图层"面板中单击"创建新图层"按钮 ,新建"图层 2",如下图所示。

07 粘贴图像

按【Ctrl+V】组合键粘贴图像，按【Ctrl+D】组合键取消选区。设置"图层2"的"不透明度"为70%，如下图所示。

08 添加蒙版

按住【Ctrl】键的同时单击"图层1"缩览图，载入选区。单击"添加图层蒙版"按钮▣，为"图层2"添加蒙版。选择画笔工具✎，适当编辑蒙版，使皮肤融合得更加自然，如下图所示。

09 应用"高反差保留"滤镜

按【Ctrl+J】组合键，得到"图层2拷贝"。单击"滤镜"|"其他"|"高反差保留"命令，在弹出的对话框中设置"半径"值为1像素，单击"确定"按钮，如下图所示。

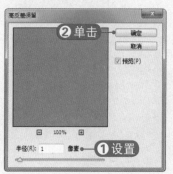

10 设置图层混合模式

设置"图层2拷贝"的图层混合模式为"柔光"，加强人物皮肤的细节，如下图所示。

11 应用"添加杂色"滤镜

按【Ctrl+Alt+Shift+E】组合键，盖印可见图层。单击"滤镜"|"杂色"|"添加杂色"命令，在弹出的对话框中设置滤镜参数，单击"确定"按钮，如下图所示。

12 编辑蒙版

单击"添加图层蒙版"按钮▣，为"图层3"添加蒙版。设置前景色为黑色，选择画笔工具✎，擦除人物眼睛、嘴巴、衣服和头发部分，如下图所示。

⑬ 调整色彩平衡

单击"创建新的填充或调整图层"按钮◑，选择"色彩平衡"选项，在弹出的面板中设置各项参数，如下图所示。

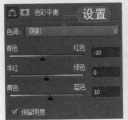

⑭ 设置高光参数

继续在"属性"面板中设置"高光"选项的各项参数，查看此时的照片效果，如下图所示。

⑮ 擦除皮肤

按【Ctrl+I】组合键反相图像，设置前景色为白色，选择画笔工具◢，擦除人物皮肤部分，如下图所示。

⑯ 调整色阶

按【Ctrl+Alt+2】组合键调出高光选区，单击"创建新的填充或调整图层"按钮◑，选择"色阶"选项，在弹出的面板中设置各项参数，如下图所示。

⑰ 擦除过亮部分

设置前景色为黑色，选择画笔工具◢，擦除照片中的过亮部分，如下图所示。

⑱ 复制调整图层

按【Ctrl+J】组合键，得到"色阶1拷贝"图层，设置其"不透明度"为30%，最终效果如下图所示。

6.3.4 制作冷酷银色肤色效果

本实例首先通过"反相"命令把人物皮肤打造成银色，然后利用"曲线"工具提亮皮肤，最后添加腮红效果，并适当调整透明度即可。下面将详细介绍如何制作银色皮肤效果，具体操作方法如下：

01 复制图层

打开"光盘：素材 \06\ 冷酷银 .jpg"，按【Ctrl+J】组合键复制"背景"图层，得到"图层 1"，如下图所示。

02 反相图像

单击"图像"|"调整"|"反相"命令，设置"图层 1"的图层混合模式为"颜色"，设置"不透明度"为 35%，如下图所示。

03 调整曲线

按【Ctrl+Alt+Shift+E】组合键，得到"图层 2"。单击"创建新的填充或调整图层"按钮◑，选择"曲线"选项，在弹出的面板中设置各项参数，如下图所示。

04 编辑蒙版

按【Ctrl+I】组合键反相图像，设置前景色为白色，选择画笔工具，在其属性栏中设置"不透明度"为 60%，对人物阴影部位进行加深涂抹，如下图所示。

05 调整曲线

单击"创建新的填充或调整图层"按钮 ，选择"曲线"选项，在弹出的面板中设置各项参数，如下图所示。

07 添加腮红

按【Ctrl+Alt+Shift+E】组合键，盖印可见图层。单击"创建新图层"按钮 ，新建"图层4"。设置前景色为RGB（255，96，0），选择画笔工具，设置"不透明度"为60%，为人物添加腮红，如下图所示。

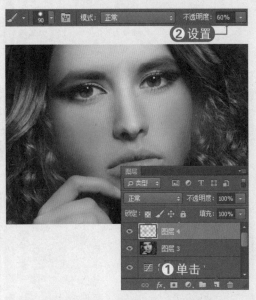

06 编辑蒙版

按【Ctrl+I】组合键反相图像，设置前景色为白色，选择画笔工具 ，在其属性栏中设置"不透明度"为60%，对人物高光部位进行涂抹，如下图所示。

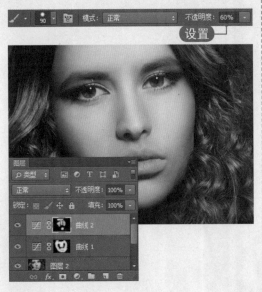

08 设置图层混合模式

设置"图层4"的图层混合模式为"颜色"，设置"不透明度"为25%，此时即可得到冷酷超质感银色皮肤的最终效果，如下图所示。

Chapter

07

人像数码照片色调调整

本章将学习现在非常流行的一些数码照片色调的制作方法，如阿宝色调、怀旧色调等。读者除了要掌握流行色调的制作方法之外，更重要的是要学会数码照片色调调整的思路，这样就可以根据需要随心所欲地调出自己喜欢的色调。

7.1 调整Lomo非主流色调

Lomo 非主流色调是时下非常流行的一种色调效果，尤其深受年轻人的喜爱。不确定性和随意性是 Lomo 色调的最大特点，常见的 Lomo 照片构图没有章法，色彩浓郁，焦点不实，曝光不准，晃动糊片也很普遍。下面将进行 Lomo 色调的制作，具体操作方法如下：

01 打开素材文件

单击"文件"|"打开"命令，打开"光盘：素材\07\Lomo色调.jpg"，如下图所示。

02 复制并设置图层

按【Ctrl+J】组合键复制"背景"图层，得到"图层 1"，设置其图层混合模式为"正片叠底"，如下图所示。

03 新建图层

单击"创建新图层"按钮，新建"图层 2"。设置前景色为 RGB（0，0，50），按【Alt+Delete】组合键进行填充。设置"图层 2"的图层混合模式为"排除"，如下图所示。

04 调整色阶

单击"创建新的填充或调整图层"按钮，选择"色阶"选项，在弹出的面板中设置各项参数，如下图所示。

05 涂抹暗部

设置前景色为黑色，选择画笔工具，设置其"不透明度"为 40%，对人物暗部进行涂抹，如下图所示。

06 调整亮度 / 对比度

单击"创建新的填充或调整图层"按钮 ◎，选择"亮度 / 对比度"选项，在弹出的面板中设置各项参数，如下图所示。

07 修改选区

按【Ctrl+A】组合键全选图像，单击"选择"|"修改"|"边界"命令，在弹出的对话框中设置"宽度"值为 10 像素，单击"确定"按钮，如下图所示。

08 羽化选区

按【Shift+F6】组合键，弹出"羽化

选区"对话框，设置"羽化半径"为 50 像素，单击"确定"按钮，如下图所示。

09 新建并填充图层

单击"创建新图层"按钮 ⬚，新建"图层 3"。设置前景色为黑色，按【Alt+Delete】组合键填充图层，如下图所示。

10 设置图层混合模式

按【Ctrl+D】组合键取消选区，将"图层 3"的图层混合模式设置为"叠加"，即可得到 Lomo 色调的最终效果，如下图所示。

7.2 调整照片梦幻蓝色调

蓝色调是个人艺术写真和婚纱摄影后期处理中经常用到的色调，给人以梦幻、童话般的浪漫唯美艺术感受。下面将进行梦幻蓝色调的制作，具体操作方法如下：

01 打开素材文件

单击"文件"|"打开"命令，打开"光盘：素材\07\梦幻蓝.jpg"，如下图所示。

02 复制并设置图层

按【Ctrl+J】组合键复制"背景"图层，得到"图层1"，并设置其图层混合模式为"柔光"，如下图所示。

03 添加并编辑蒙版

单击"添加图层蒙版"按钮，设置前景色为黑色，选择画笔工具，设置"不透明度"为25%，对画面中过暗的部分进行涂抹，如下图所示。

04 盖印图层

按【Ctrl+Shift+Alt+E】组合键盖印所有图层，得到"图层2"，如下图所示。

05 调整照片色调

单击"创建新的填充或调整图层"按钮，选择"可选颜色"选项，在弹出的面板中设置各项参数，调整照片色调，如下图所示。

06 调整色彩平衡

单击"创建新的填充或调整图层"按钮，选择"色彩平衡"选项，在弹出的面板中设置各项参数。按【Ctrl+Shift+Alt+E】组合键盖印图层，得到"图层3"，如下图所示。

07 应用"高斯模糊"滤镜

单击"滤镜"|"模糊"|"高斯模糊"命令，在弹出的对话框中设置"半径"为7像素，单击"确定"按钮，如下图所示。

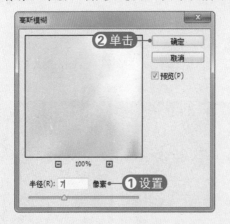

08 设置图层混合模式

将"图层3"的图层混合模式设置为

"叠加"，使照片呈现出一种浪漫、唯美的感觉，如下图所示。

09 添加并编辑蒙版

单击"添加图层蒙版"按钮，设置前景色为黑色，选择画笔工具，设置"不透明度"为35%，对画面中过暗和过亮的部分进行涂抹，如下图所示。

10 盖印图层

按【Ctrl+Shift+Alt+E】组合键盖印所有图层，得到"图层4"，如下图所示。

⑪ 调整色相 / 饱和度

单击"创建新的填充或调整图层"按钮 ，选择"色相 / 饱和度"选项，在弹出的面板中设置各项参数，降低图像饱和度，如下图所示。

⑫ 调整亮度 / 对比度

单击"创建新的填充或调整图层"按钮 ，选择"亮度 / 对比度"选项，在弹出的面板中设置各项参数，即可得到最终效果，如下图所示。

7.3 调整怀旧泛黄色调

怀旧色调是数码照片后期处理中经常使用的一种流行色调，它能流露出岁月流逝的痕迹，给人以怀旧、沧桑之感。下面将进行怀旧泛黄色调的制作，具体操作方法如下：

⑴ 打开素材文件

单击"文件"|"打开"命令，打开"光盘：素材 \07\ 怀旧色调 .jpg"，如下图所示。

⑵ 调整通道混和器

单击"创建新的填充或调整图层"按钮 ⬛，选择"通道混和器"选项，在弹出的面板中选中"单色"复选框，如下图所示。

⑶ 设置"红"通道

在属性面板中取消选择"单色"复选框，选择"红"通道，设置各项参数，如下图所示。

04 设置"蓝"通道

在属性面板中选择"蓝"通道，设置各项参数，以调整画面的色调效果，如下图所示。

05 调整黑白

单击"创建新的填充或调整图层"按钮 ⊙ ，选择"黑白"选项，在弹出的面板中选中"色调"复选框，如下图所示。

06 设置颜色

单击色块，弹出"拾色器（色调颜色）"对话框，设置其颜色为 RGB（99，81，38），单击"确定"按钮，如下图所示。

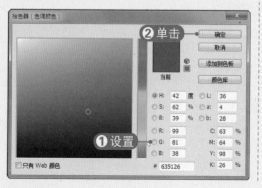

07 调整画面局部颜色

继续在属性面板中设置各项参数，调整画面局部颜色，以增强色调的层次感，如下图所示。

08 新建并填充图层

单击"创建新图层"按钮 ，新建"图层 1"。设置前景色为黑色，按【Alt+Delete】组合键填充图层，如下图所示。

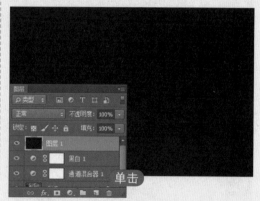

09 应用"点状化"滤镜

单击"滤镜"|"像素化"|"点状化"命令，在弹出的对话框中设置单元格大小，单击"确定"按钮，如下图所示。

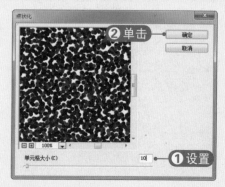

⑩ 应用"动感模糊"滤镜

　　单击"滤镜"|"模糊"|"动感模糊"命令，在弹出的对话框中设置滤镜参数，单击"确定"按钮，如下图所示。

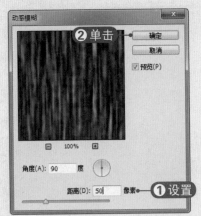

⑪ 设置图层混合模式

　　设置"图层1"的图层混合模式为"叠加"，设置"不透明度"为25%，增强画面的怀旧感，如下图所示。

⑫ 编辑蒙版

　　单击"添加图层蒙版"按钮，设置前景色为黑色，选择画笔工具，对人物皮肤部分进行涂抹，恢复细节部分，最终效果如下图所示。

7.4　调整流行阿宝色调

　　阿宝色是一种色调的名称，它的色调可概括为：颜色淡雅（浓度在0~5之间）、色彩的饱和度在-5~15之间，整体感觉偏于一种色相，给人感觉清新、透亮。下面将进行阿宝色调的制作，具体操作方法如下：

01 复制图层

　　打开"光盘：素材\07\阿宝色调.jpg"，按【Ctrl+J】组合键复制"背景"图层，得到"图层1"，如下图所示。

02 设置图层混合模式

　　设置"图层1"的图层混合模式为"滤色"，设置"不透明度"为60%，如下图所示。

03 添加并编辑蒙版

单击"添加图层蒙版"按钮 ▣，设置前景色为黑色，选择画笔工具 ▰，设置"不透明度"为35%，对人物的头发和脸部进行涂抹，如下图所示。

04 添加"可选颜色"调整图层

单击"创建新的填充或调整图层"按钮 ◑，选择"可选颜色"选项，在弹出的面板中设置各项参数，如下图所示。

05 复制图层

按【Ctrl+J】组合键复制"背景"图层，得到"背景 拷贝"图层，并将其拖至"图层"面板的最上方，如下图所示。

06 复制图像

打开"通道"面板，单击"绿"通道，按【Ctrl+A】组合键全选图像，按【Ctrl+C】组合键复制图像，如下图所示。

07 粘贴图像

单击"蓝"通道，按【Ctrl+V】组合键粘贴图像，按【Ctrl+2】组合键显示RGB通道，如下图所示。

08 设置图层不透明度

按【Ctrl+D】组合键取消选区，打开"图层"面板，把"背景 拷贝"图层的"不透明度"设置为95%，如下图所示。

09 调整可选颜色

单击"创建新的填充或调整图层"按钮 ⊘，选择"可选颜色"选项，在弹出的面板中设置各项参数，如下图所示。

10 调整色调

继续在属性面板中设置"绿色"的参数值，以调整该颜色区域的色调，如下图所示。

11 新建图层

单击"创建新图层"按钮 ⊞，新建"图层2"。在"拾色器（前景色）"对话框中设置 RGB 为（10，35，90），单击"确定"按钮，如下图所示。

12 填充图层

按【Alt+Delete】组合键填充图层，设置图层混合模式为"滤色"，"不透明度"为 55%，如下图所示。

13 添加"可选颜色"调整图层

单击"创建新的填充或调整图层"按钮 ⊘，选择"可选颜色"选项，在弹出的面板中设置各项参数，如下图所示。

14 查看最终效果

按【Ctrl+Shift+Alt+E】组合键盖印可见图层，得到"图层3"，查看最终调出的阿宝色调照片效果，如右图所示。

7.5 调整盛夏鲜艳高饱和色调

为数码照片应用一些流行的鲜艳色调，可以让照片像盛夏的阳光般耀眼，平添几分艺术魅力。下面将进行盛夏鲜艳色调的制作，具体操作方法如下：

01 打开素材文件

单击"文件"|"打开"命令，打开"光盘：素材\07\鲜艳色调.jpg"，如下图所示。

02 复制图层

按【Ctrl+J】组合键复制"背景"图层，得到"图层1"，如下图所示。

03 调整黄色

单击"图像"|"调整"|"色相/饱和度"命令，在弹出的对话框中选择"黄色"选项，设置"饱和度"为50，如下图所示。

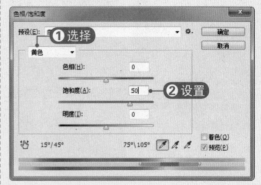

04 调整绿色

选择"绿色"选项，设置"饱和度"为50，单击"确定"按钮，如下图所示。

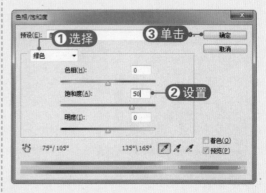

05 复制图层

此时可以看到照片的色彩变得十分鲜艳。按【Ctrl+J】组合键复制"图层1"，得到"图层1拷贝"，如下图所示。

06 应用"高斯模糊"滤镜

单击"滤镜"|"模糊"|"高斯模糊"命令，在弹出的对话框中设置"半径"为7像素，单击"确定"按钮，如下图所示。

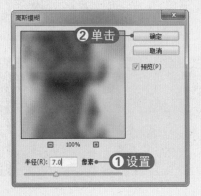

07 添加图层蒙版

将"图层1拷贝"的图层混合模式设置为"强光"。单击"添加图层蒙版"按钮，为其添加图层蒙版，如下图所示。

08 编辑蒙版

设置前景色为黑色，选择画笔工具，设置"不透明度"为35%，对画面中过暗或过亮的部分进行涂抹，使其恢复为原有的颜色，如下图所示。

09 新建并填充图层

单击"创建新图层"按钮，新建"图层2"。设置前景色为黑色，按【Alt+Delete】组合键填充图层，如下图所示。

10 应用"镜头光晕"滤镜

单击"滤镜"|"渲染"|"镜头光晕"命令，在弹出的对话框中设置滤镜参数，单击"确定"按钮，如下图所示。

⑪ 调整图层混合模式

将"图层2"的图层混合模式设置为"滤色"，适当调整光晕的位置，如下图所示。

⑫ 添加并编辑蒙版

单击"添加图层蒙版"按钮▣，选择画笔工具✎，设置"不透明度"为35%，对照片中不需要的光晕进行涂抹，最终效果如下图所示。

7.6 调整柔美粉色调

清亮、柔美的粉红色调浪漫而简约，容易让人产生欢乐的幸福感。在制作过程中需要根据照片的颜色构成慢慢调出所需的主色，然后增加暗部及高光部分的颜色，把整体色调调淡，最后进行柔化处理即可，具体操作方法如下：

① 打开素材文件

单击"文件"|"打开"命令，打开"光盘：素材 \07\ 粉紫色调 .jpg"，如下图所示。

② 调整色相／饱和度

单击"创建新的填充或调整图层"按钮◐，选择"色相／饱和度"选项，在弹出的面板中设置各项参数，如下图所示。

③ 查看照片效果

此时可以看到照片整体的饱和度降低，并且将绿色调整为了黄绿色，如下图所示。

04 调整可选颜色

单击"创建新的填充或调整图层"按钮 ⊘，选择"可选颜色"选项，在弹出的面板中设置各项参数，如下图所示。

05 复制调整图层

按【Ctrl+J】组合键复制"选取颜色1"图层，得到"选取颜色1拷贝"，设置其"不透明度"为50%，如下图所示。

06 调整曲线

单击"创建新的填充或调整图层"按钮 ⊘，选择"曲线"选项，在弹出的面板中设置各项参数，如下图所示。

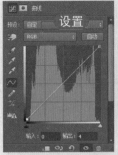

07 查看照片效果

此时可以看到照片中的暗部区域增加了蓝色调，如下图所示。

08 调整色彩平衡

单击"创建新的填充或调整图层"按钮 ⊘，选择"色彩平衡"选项，在弹出的面板中设置各项参数，如下图所示。

09 调整高光

继续在属性面板中设置"高光"选项的参数，以调整画面的色调效果，如下图所示。

⑩ 调整色相/饱和度

单击"创建新的填充或调整图层"按钮 ◎，选择"色相/饱和度"选项，在弹出的面板中设置各项参数，如下图所示。

⑪ 调整可选颜色

单击"创建新的填充或调整图层"按钮 ◎，选择"可选颜色"选项，在弹出的面板中设置各项参数，如下图所示。

⑫ 查看照片效果

此时照片中的人物皮肤显得更加红润，如下图所示。

⑬ 调整色彩平衡

单击"创建新的填充或调整图层"按钮 ◎，选择"色彩平衡"选项，在弹出的面板中设置各项参数，如下图所示。

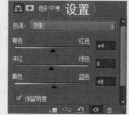 

⑭ 新建填充图层

单击"创建新的填充或调整图层"按钮 ◎，选择"纯色"选项，在弹出的对话框中设置各项参数，单击"确定"按钮，如下图所示。

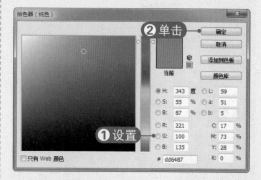

⑮ 编辑蒙版

设置"颜色填充1"图层的图层混合模式为"滤色"，设置前景色为黑色，选择画笔工具 ✎，对其蒙版进行编辑操作，如下图所示。

话框中设置各项参数，单击"确定"按钮，如下图所示。

⑯ 设置图层混合模式

创建一个纯色填充图层，设置其图层混合模式为"柔光"，"不透明度"为25%，如下图所示。

⑰ 新建填充图层

单击"创建新的填充或调整图层"按钮 ◉，选择"纯色"选项，在弹出的对

⑱ 设置图层混合模式

设置"颜色填充3"填充图层的图层混合模式为"柔光"，"不透明度"为40%，即可得到最终效果，如下图所示。

7.7 调整波西中性黄色调

波西色调是具有中性艺术美的色调，可以通过添加黄棕色调适当降低照片颜色饱和度的方式来表现其色调的低调、华丽特质。下面将进行波西中性色调的制作，具体操作方法如下：

⑪ 复制图层

打开"光盘：素材\07\中性色调.jpg"，按【Ctrl+J】组合键复制"背景"图层，得到"图层1"，如右图所示。

02 应用图像

打开"通道"面板,选择"红"通道,单击"图像"|"应用图像"命令,在弹出的对话框中设置各项参数,单击"确定"按钮,如下图所示。

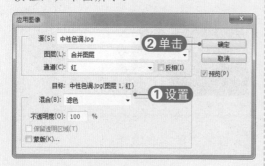

03 设置不透明度

按【Ctrl+2】组合键显示 RGB 通道,在"图层"面板中将"图层 1"的"不透明度"设置为 60%,如下图所示。

04 盖印图层

按【Ctrl+Alt+Shift+E】组合键盖印可见图层,得到"图层 2"。用同样的方法对"绿"通道执行"应用图像"命令,如下图所示。

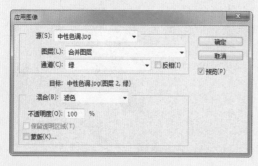

05 设置不透明度

设置"图层 2"的"不透明度"为40%,以减淡照片色调的调整效果,如下图所示。

06 创建选区

选择磁性套索工具,设置其"羽化"为 5 像素,在人物皮肤部分创建选区,如下图所示。

07 调整可选颜色

单击"创建新的填充或调整图层"按钮,选择"可选颜色"选项,在弹出的面板中设置各项参数,如下图所示。

08 调整通道混和器

单击"创建新的填充或调整图层"按钮 ◙，选择"通道混和器"选项，在弹出的面板中设置各项参数，如下图所示。

09 设置"蓝"通道

继续在属性面板中设置"蓝"通道的参数，以调整画面的色调效果，如下图所示。

10 调整自然饱和度

单击"创建新的填充或调整图层"按钮 ◙，选择"自然饱和度"选项，在弹出的面板中设置各项参数，如下图所示。

11 调整色相/饱和度

单击"创建新的填充或调整图层"按钮 ◙，选择"色相/饱和度"选项，在弹出的面板中设置各项参数，如下图所示。

12 编辑蒙版

设置前景色为黑色，选择画笔工具 ◢，对"色相/饱和度1"的蒙版进行编辑操作，擦出人物皮肤部分图像，最终效果如下图所示。

7.8 调整浓郁深秋金色调

红黄结合的暖色调能够衬托出柔和、温馨的情调，给人以耳目一新的感觉。下面将进行浓郁深秋金色调的制作，具体操作方法如下：

01 打开素材文件

单击"文件"|"打开"命令,打开"光盘:素材 \07\ 情侣 .jpg",如下图所示。

02 调整可选颜色

单击"创建新的填充或调整图层"按钮 ⬤,选择"可选颜色"选项,在弹出的面板中设置各项参数,如下图所示。

03 调整色调

继续在属性面板中设置"黑色"的参数值,以调整该颜色区域的色调,如下图所示。

04 复制调整图层

按【Ctrl+J】组合键复制"选取颜色1"图层,得到"选取颜色1拷贝"图层,设置其"不透明度"为20%,如下图所示。

05 调整曲线

单击"创建新的填充或调整图层"按钮 ⬤,选择"曲线"选项,在弹出的面板中设置各项参数,如下图所示。

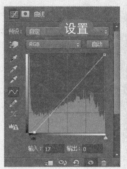 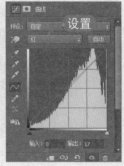

06 设置"蓝"通道

继续在属性面板中设置"蓝"通道的参数,以调整画面的色调效果,如下图所示。

07 调整色彩平衡

单击"创建新的填充或调整图层"按钮 ，选择"色彩平衡"选项，在弹出的面板中设置各项参数，如下图所示。

08 调整色相/饱和度

单击"创建新的填充或调整图层"按钮 ，选择"色相/饱和度"选项，在弹出的面板中设置各项参数，如下图所示。

09 调整纯色

单击"创建新的填充或调整图层"按钮 ，选择"纯色"选项，在弹出的对话框中设置各项参数，单击"确定"按钮，如下图所示。

10 设置图层混合模式

设置"颜色填充1"填充图层的图层

混合模式为"滤色"，为照片添加阳光色调，如下图所示。

11 编辑蒙版

设置前景色为黑色，选择画笔工具 ，对"颜色填充1"图层的蒙版进行编辑操作，如下图所示。

12 复制填充图层

按【Ctrl+J】组合键复制"颜色填充1"图层，得到"颜色填充1拷贝"图层，设置其图层混合模式为"柔光"，"不透明度"为50%，如下图所示。

13 应用"动感模糊"滤镜

按【Ctrl+Alt+Shift+E】组合键盖印

可见图层，得到"图层 1"。单击"滤镜"|"模糊"|"动感模糊"命令，在弹出的对话框中设置滤镜参数，单击"确定"按钮，如下图所示。

⑭ 设置图层混合模式

设置"图层 1"的图层混合模式为"柔光"，"不透明度"为 30%，效果如下图所示。

⑮ 复制图层

按【Ctrl+J】组合键复制"背景"图层，得到"背景 拷贝"图层，将其拖到面板最上方，如下图所示。

⑯ 添加并编辑蒙版

设置前景色为白色，按住【Alt】键的同时单击"添加图层蒙版"按钮，选择画笔工具，设置"不透明度"为 35%，对照片中人物的皮肤进行涂抹，最终效果如下图所示。

7.9 调整清新淡紫色调

本实例将制作清新的淡紫色调。在制作蓝紫色时，选择蓝色通道后可快速给图片增加蓝色，调整绿色通道可以增加紫色，后期再把图片中的其他颜色转为融合的颜色即可，具体操作方法如下：

① 打开素材文件

单击"文件"|"打开"命令，打开"光盘：素材\07\ 蓝紫色调.jpg"，如右图所示。

02 调整色相/饱和度

单击"创建新的填充或调整图层"按钮，选择"色相/饱和度"选项，在弹出的面板中设置各项参数，如下图所示。

03 调整曲线

单击"创建新的填充或调整图层"按钮，选择"曲线"选项，在弹出的面板中设置各项参数，如下图所示。

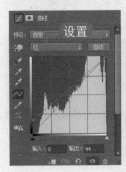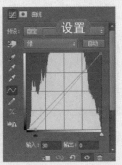

04 调整"蓝"通道

继续在属性面板中设置"蓝"通道的参数，以调整画面的色调效果，如下图所示。

05 调整可选颜色

单击"创建新的填充或调整图层"按钮，选择"可选颜色"选项，在弹出的面板中设置各项参数，如下图所示。

06 调整可选颜色

单击"创建新的填充或调整图层"按钮，选择"可选颜色"选项，在弹出的面板中设置各项参数，如下图所示。

07 调整色调

继续在属性面板中设置"黑色"选项的参数，以调整画面的色调效果，如下图所示。

08 调整曲线

单击"创建新的填充或调整图层"按钮 ，选择"曲线"选项，在弹出的面板中设置各项参数，如下图所示。

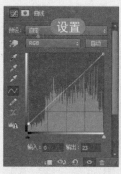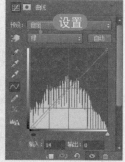

09 调整"蓝"通道

继续在属性面板中设置"蓝"通道的参数，以调整画面的色调效果，如下图所示。

10 调整色彩平衡

单击"创建新的填充或调整图层"按钮 ，选择"色彩平衡"选项，在弹出的面板中设置各项参数，如下图所示。

11 查看照片效果

此时即可查看微调照片暗部及中间调颜色后的效果，如下图所示。

12 调整可选颜色

单击"创建新的填充或调整图层"按钮 ，选择"可选颜色"选项，在弹出的面板中设置各项参数，如下图所示。

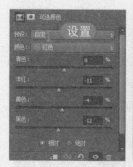

13 查看照片效果

此时即可查看照片中减少红色和增加一些黄色调后的效果，如下图所示。

14 调整曲线

单击"创建新的填充或调整图层"按钮 ，选择"曲线"选项，在弹出的面板中设置各项参数，如下图所示。

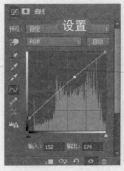 

⑰ 调整纯色

单击"创建新的填充或调整图层"按钮 ，选择"纯色"选项，在弹出的对话框中设置各项参数，单击"确定"按钮，如下图所示。

⑮ 复制调整图层

按【Ctrl+J】组合键复制"曲线3"图层，得到"曲线3拷贝"图层，设置其"不透明度"为50%，如下图所示。

⑱ 编辑蒙版

设置"颜色填充1"图层的图层混合模式为"滤色"，设置前景色为黑色，选择画笔工具 ，对其蒙版进行编辑操作，最终效果如下图所示。

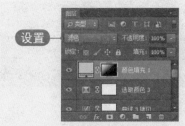

⑯ 调整可选颜色

单击"创建新的填充或调整图层"按钮 ，选择"可选颜色"选项，在弹出的面板中设置各项参数，如下图所示。

7.10 调整甜美青红色调

制作青红色调可以先用通道替换减少图片中的杂色，然后增加颜色的饱和度，把颜色调鲜艳，后期再微调一下颜色，增加一些补色即可，具体操作方法如下：

01 打开素材文件

单击"文件"|"打开"命令,打开"光盘:素材 \07\ 草地 .jpg",如下图所示。

02 转换颜色模式

单击"图像"|"模式"|"Lab 颜色"命令,将图像转换为 Lab 颜色模式。按【Ctrl+J】组合键得到"图层 1",如下图所示。

03 复制通道图像

打开"通道"面板,单击 a 通道,按【Ctrl+A】组合键全选图像,按【Ctrl+C】组合键复制图像,如下图所示。

04 粘贴通道图像

选择 b 通道,按【Ctrl+V】组合键粘贴图像,按【Ctrl+D】组合键取消选区,按【Ctrl+2】组合键显示出 RGB 通道,如下图所示。

05 调整色彩平衡

单击"创建新的填充或调整图层"按钮 ,选择"色彩平衡"选项,在弹出的面板中设置各项参数,如下图所示。

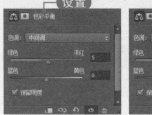

06 复制调整图层

按【Ctrl+J】组合键复制"色彩平衡 1"图层,得到"色彩平衡 1 拷贝"图层,设置其图层"不透明度"为 50%,如下图所示。

07 调整色相/饱和度

单击"创建新的填充或调整图层"按钮 ，选择"色相/饱和度"选项，在弹出的面板中设置各项参数，如下图所示。

08 查看照片效果

此时即可看到照片中的红色调增加，人物肤色更加自然，如下图所示。

09 转换颜色模式

单击"图像"|"模式"|"RGB 颜色"命令，在弹出的提示信息框中单击"拼合"按钮，如下图所示。

10 调整曲线

单击"创建新的填充或调整图层"按钮 ，选择"曲线"选项，在弹出的面

板中设置各项参数，如下图所示。

11 调整色彩平衡

单击"创建新的填充或调整图层"按钮 ，选择"色彩平衡"选项，在弹出的面板中设置各项参数，如下图所示。

12 调出高光选区

按【Ctrl+Alt+2】组合键，调出照片的高光选区，如下图所示。

⑬ 调整纯色

单击"创建新的填充或调整图层"按钮 ，选择"纯色"选项，在弹出的对话框中设置各项参数，单击"确定"按钮，如下图所示。

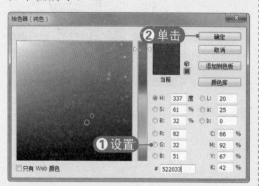

⑭ 设置图层混合模式

设置"颜色填充1"图层的图层混合模式为"滤色"，"不透明度"为30%，即可得到最终效果，如下图所示。

7.11 调整浪漫阳光色调

本实例先用调色工具给照片增加暖色，然后稍微降低饱和度及亮度得到比较柔和的效果，再在顶部边角部分渲染一些高光，制作出浪漫的阳光色调，具体操作方法如下：

① 打开素材文件

单击"文件"|"打开"命令，打开"光盘：素材\07\浪漫阳光.jpg"，如下图所示。

② 调整可选颜色

单击"创建新的填充或调整图层"按钮 ，选择"可选颜色"选项，在弹出的面板中设置各项参数，如右图所示。

03 调整色调

继续在属性面板中设置"黑色"选项的参数,以调整画面的色调效果,如下图所示。

04 调整曲线

单击"创建新的填充或调整图层"按钮◢,选择"曲线"选项,在弹出的面板中设置各项参数,如下图所示。

05 复制背景图层

按【Ctrl+J】组合键复制"背景"图层,得到"背景 拷贝"图层,将其拖到"图层"面板最上方,如下图所示。

06 添加并编辑蒙版

单击"添加图层蒙版"按钮◢,为

其添加图层蒙版,选择画笔工具◢,对人物皮肤部分进行涂抹,使其恢复为原有的颜色,如下图所示。

07 调整纯色

单击"创建新的填充或调整图层"按钮◢,选择"纯色"选项,在弹出的对话框中设置各项参数,单击"确定"按钮,如下图所示。

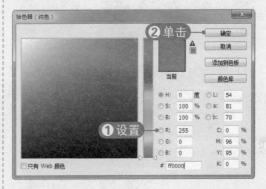

08 编辑蒙版

设置"颜色填充1"图层的图层混合模式为"滤色","不透明度"为25%。设置前景色为黑色,选择画笔工具◢,对其蒙版进行编辑操作,最终效果如下图所示。

7.12 调整日系小清新色调

日系风格的色调非常特别，清新明快，饱和度高，风格靓丽，充满唯美的童话色彩。本实例将进行日系小清新色调的制作，具体操作方法如下：

01 复制图层

打开"光盘：素材\07\小清新.jpg"，按【Ctrl+J】组合键，得到"图层1"，如下图所示。

02 转换为 Lab 颜色模式

单击"图像"|"模式"|"Lab 颜色"命令，在弹出的提示信息框中单击"不拼合"按钮，如下图所示。

03 复制通道

打开"通道"面板，单击a通道，按

【Ctrl+A】组合键全选图像，按【Ctrl+C】组合键复制图像，如下图所示。

04 粘贴通道

选择 b 通道，按【Ctrl+V】组合键粘贴图像，按【Ctrl+D】组合键取消选区，按【Ctrl+2】组合键显示出 RGB 通道，如下图所示。

05 转换为 RGB 颜色模式

单击"图像"|"模式"|"RGB 颜色"命令，在弹出的提示信息框中单击"不拼合"按钮，如下图所示。

06 设置图层不透明度

设置"图层1"的"不透明度"为60%，查看照片效果，如下图所示。

07 调整通道混和器

单击"创建新的填充或调整图层"按钮，选择"通道混和器"选项，在弹出的面板中设置各项参数，如下图所示。

08 调整色阶

单击"创建新的填充或调整图层"按钮，选择"色阶"选项，在弹出的面板中设置各项参数，如下图所示。

09 调整亮度/对比度

单击"创建新的填充或调整图层"按钮，选择"亮度/对比度"选项，在弹出的面板中设置各项参数，如下图所示。

10 调整饱和度

单击"创建新的填充或调整图层"按钮，选择"色相/饱和度"选项，在弹出的面板中设置各项参数。此时照片的饱和度得到增强，查看最终效果，如下图所示。

7.13 调整甜美糖果色调

色彩缤纷的糖果色彩容易让人心情愉悦，在数码照片后期处理过程中也可以制作出甜美的糖果色调，十分鲜艳、动人。本实例将进行一种甜美糖果色调的制作，具体操作方法如下：

01 打开素材文件

单击"文件"|"打开"命令,打开"光盘:素材 \07\ 糖果色调 .jpg",如下图所示。

02 转换图像颜色模式

单击"图像"|"模式"|"Lab 颜色"命令,将图像转换为 Lab 颜色模式,如下图所示。

03 调整曲线

单击"创建新的填充或调整图层"按钮，选择"曲线"选项,在弹出的面板中设置各项参数,如下图所示。

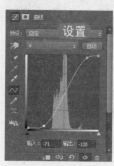
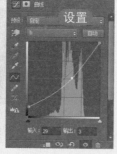

04 调整色阶

单击"创建新的填充或调整图层"按钮，选择"色阶"选项,在弹出的面板中设置各项参数,如下图所示。

05 转换图像颜色模式

单击"图像"|"模式"|"RGB 颜色"命令,在弹出的提示信息框中单击"拼合"按钮,将图像转换为 RGB 颜色模式,如下图所示。

06 复制并设置图层

按【Ctrl+J】组合键,得到"图层 1"。设置图层混合模式为"柔光"、"不透明度"为 60%,即可得到最终效果,如下图所示。

Chapter

08

风光数码照片的修复与调色

平淡无奇的自然风景数码照片再也无法满足现代人对时尚、新奇、独特效果的追求，数码后期制作有时就是二次创作，能给作品带来生命力，也能增添无限乐趣。本章将详细介绍如何结合 Photoshop 中的颜色模式、颜色调整命令来将普通的风景类数码照片调出富有感染力的色调来。

8.1 调整人文风景照片

人文摄影可分为纪实摄影和非纪实人文摄影两类。这里所说的人文摄影是指能体现人类文化中先进、优秀、健康内容的作品。这些作品能触及观看者的心灵深处，使其在爱、关怀、崇敬等情感上与作者产生共鸣。

8.1.1 制作突出主体的聚光效果

对比是突出主体的有效方法，本实例首先将天空以及照片四周调暗，然后将主体部分调出暖色调并提亮，暖色调的主体衬以冷色调的背景就显得格外突出，具体操作方法如下：

01 打开素材文件

单击"文件"|"打开"命令，打开"光盘：素材 \08\ 牧场 .jpg"，如下图所示。

02 复制图层

按【Ctrl+J】组合键复制"背景"图层，得到"图层 1"，设置其图层混合模式为"正片叠底"，如下图所示。

03 添加并编辑蒙版

单击"添加图层蒙版"按钮，为"图层 1"添加蒙版。设置前景色为黑色，选择画笔工具，在主体部分进行涂抹，如下图所示。

04 复制图层

按【Ctrl+J】组合键复制"图层 1"，得到"图层 1 拷贝"。选择画笔工具，继续在主体部分进行涂抹，如下图所示。

05 复制图层

按【Ctrl+J】组合键复制"图层 1 拷贝"，得到"图层 1 拷贝 2"。选择画笔工具，对蒙版继续进行编辑，如下图所示。

06 盖印图层

按【Ctrl+Alt+Shift+E】组合键盖印可见图层，得到"图层 2"，设置其图层混合模式为"柔光"，如下图所示。

07 添加并编辑蒙版

单击"添加图层蒙版"按钮，为"图层 2"添加蒙版。设置前景色为黑色，选择画笔工具，对照片四周进行涂抹，如下图所示。

08 盖印图层

按【Ctrl+Alt+Shift+E】组合键盖印可见图层，得到"图层 3"，设置其图层混合模式为"线性减淡（添加）"，如下图所示。

09 添加并编辑蒙版

单击"添加图层蒙版"按钮，为"图层 3"添加蒙版。设置前景色为黑色，选择画笔工具，对照片底部进行涂抹，如下图所示。

10 应用"光照效果"滤镜

按【Ctrl+Alt+Shift+E】组合键盖印可见图层，得到"图层 4"。单击"滤镜"|"渲染"|"光照效果"命令，在弹出的面板中设置各项参数，单击"确定"按钮，如下图所示。

⑪ 应用图像

　　按【Ctrl+Alt+Shift+E】组合键盖印可见图层，得到"图层 5"。单击"图像"|"应用图像"命令，在弹出的对话框中设置各项参数，单击"确定"按钮，如下图所示。

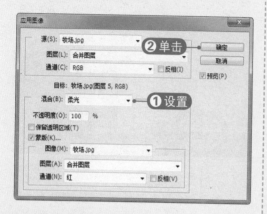

⑫ 添加并编辑蒙版

　　单击"添加图层蒙版"按钮🔘，为"图层 5"添加蒙版。设置前景色为黑色，选择画笔工具🖌，对照片四周进行涂抹，如下图所示。

⑬ 应用"USM 锐化"滤镜

　　按【Ctrl+Alt+Shift+E】组合键盖印可见图层，得到"图层 6"。单击"滤镜"|"锐化"|"USM 锐化"命令，在弹出的对话框中设置各项参数，单击"确定"按钮，如下图所示。

⑭ 查看最终效果

　　进一步对照片进行锐化处理后，此时即可查看处理照片的最终效果，如下图所示。

知识加油站

　　通过增加或减少曝光补偿的方式可以营造特殊氛围，以增强照片的艺术效果。

8.1.2　打造欧美怀旧黄褐色调

　　黄褐色及暗褐色都能给人一种怀旧的感觉，这种色系的图片调色方法也比较简单，先利用调色工具把图片暗调部分的颜色调成青蓝色，然后把高光部分填充为橙黄色，再适当改变图层混合模式，即可制作出具有怀旧感觉的色调效果，具体操作方法如下：

01 复制图层

打开"光盘：素材\08\船.jpg"，按【Ctrl+J】组合键复制"背景"图层，得到"图层1"，如下图所示。

02 添加并编辑蒙版

设置"图层1"的图层混合模式为"叠加"，单击"添加图层蒙版"按钮，设置前景色为黑色，选择画笔工具，对蒙版进行编辑操作，隐藏部分图像，如下图所示。

03 创建选区

选择快速选择工具，在其属性栏中设置"画笔大小"为30像素，"间距"为25%，然后在沙滩上拖动鼠标创建选区，如下图所示。

04 调整亮度/对比度

单击"创建新的填充或调整图层"按钮，选择"亮度/对比度"选项，在弹出的属性面板中设置各项参数，如下图所示。

05 调整色彩平衡

按住【Ctrl】键的同时单击"亮度/对比度1"蒙版调出选区，单击"创建新的填充或调整图层"按钮，选择"色彩平衡"选项，然后设置各项参数，如下图所示。

06 调整可选颜色

按住【Ctrl】键的同时单击"色彩平衡1"蒙版调出选区，单击"创建新的填充或调整图层"按钮，选择"可选颜色"选项，然后设置各项参数，如下图所示。

07 调整色彩平衡

单击"创建新的填充或调整图层"按钮，选择"色彩平衡"选项，在弹出的属性面板中设置各项参数，如下图所示。

08 编辑蒙版

设置"色彩平衡2"图层的"不透明度"为50%，选择渐变工具，设置渐变色为"黑白渐变"，在图像上从上到下进行绘制，如下图所示。

11 复制调整图层

按【Ctrl+J】组合键复制调整图层，得到"色相/饱和度1拷贝"图层，设置其"不透明度"为30%，如下图所示。

09 调整色相/饱和度

单击"创建新的填充或调整图层"按钮，选择"色相/饱和度"选项，在弹出的属性面板中选择"蓝色"选项，如下图所示。

12 绘制渐变色

单击"创建新图层"按钮，新建"图层2"。选择渐变工具，设置渐变色为"黑白渐变"，单击径向渐变按钮，绘制渐变色，如下图所示。

10 颜色取样

选择吸管工具，在图像中的蓝天部分单击取样，然后在属性面板中设置各项参数，如下图所示。

13 设置图层混合模式

设置"图层2"的图层混合模式为"强光"，"不透明度"为20%，为图像整体添加黄褐色调，如下图所示。

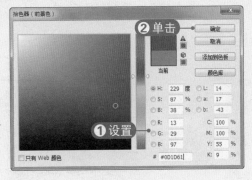

⑭ 调整渐变映射

单击"创建新的填充或调整图层"按钮⬤，选择"渐变映射"选项，在弹出的属性面板中设置渐变色为"黑白渐变"，如下图所示。

⑮ 设置图层混合模式

设置"渐变映射1"调整图层的图层混合模式为"柔光"，"不透明度"为30%，如下图所示。

⑯ 新建并填充图层

单击"创建新图层"按钮🔲，新建"图层3"。设置前景色为RGB（13，29，97），单击"确定"按钮，如下图所示。

⑰ 设置图层混合模式

按【Alt+Delete】组合键填充当前图层，设置"图层3"的图层混合模式为"颜色减淡"，"不透明度"为60%，如下图所示。

⑱ 应用"高斯模糊"滤镜

按【Ctrl+Alt+Shift+E】组合键得到"图层4"，单击"滤镜"|"模糊"|"高斯模糊"命令，在弹出的对话框中设置参数，单击"确定"按钮，如下图所示。

⑲ 设置图层混合模式

设置"图层4"的图层混合模式为"柔光"，"不透明度"为40%。单击"创建新图层"按钮🔲，新建"图层5"，如下图所示。

⑳ 填充高光选区

按【Ctrl+Alt+2】组合键调出高光选区，设置前景色为 RGB（252，163，114），按【Alt+Delete】组合键填充选区，如下图所示。

㉑ 设置图层混合模式

按【Ctrl+D】组合键取消选区，设置"图层 5"的图层混合模式为"色相"，效果如下图所示。

㉒ 填充高光选区

单击"创建新图层"按钮，新建"图层 6"。按【Ctrl+Alt+2】组合键调出高光选区，设置前景色为 RGB（251，236，113），按【Alt+Delete】组合键填充选区，

如下图所示。

㉓ 设置图层混合模式

按【Ctrl+D】组合键取消选区，设置"图层 5"的图层混合模式为"滤色"，"不透明度"为 80%，如下图所示。

㉔ 新建并填充图层

单击"创建新图层"按钮，新建"图层 7"。设置前景色为 RGB（12，6，72），按【Alt+Delete】组合键填充图层，设置图层混合模式为"排除"，如下图所示。

㉕ 调整色彩平衡

单击"创建新的填充或调整图层"按钮，选择"色彩平衡"选项，在弹出的属性面板中设置各项参数，如下图所示。

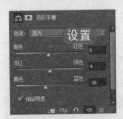 

㉖ **设置图层不透明度**

设置"色彩平衡3"调整图层的"不透明度"为50%，按【Ctrl+Alt+Shift+E】组合键盖印可见图层，得到"图层8"，如下图所示。

㉘ **设置图层混合模式**

设置"图层8"的图层混合模式为"柔光"，"不透明度"为20%，效果如下图所示。

㉗ **应用"高斯模糊"滤镜**

单击"滤镜"|"模糊"|"高斯模糊"命令，在弹出的对话框中设置各项参数，单击"确定"按钮，如下图所示。

㉙ **调整亮度/对比度**

单击"图像"|"调整"|"亮度/对比度"命令，在弹出的对话框中设置各项参数，单击"确定"按钮，即可得到欧美怀旧黄褐色调的最终效果，如下图所示。

 知识加油站

在拍摄风景照片时，前景元素的使用是一种丰富画面感的方式，也是增强画面构图效果的重要形式。

8.1.3 制作繁华的城市街道效果

通过调整照片的光影色调可以强化杂乱的街景主体，突出街景照片的视觉效果，使照片的色调更具有戏剧性，具体操作方法如下：

01 打开素材文件

单击"文件"|"打开"命令,打开"光盘:素材 \08\ 街道 .jpg",如下图所示。

02 调整通道混和器

单击"创建新的填充或调整图层"按钮，选择"通道混和器"选项,在弹出的属性面板中设置各项参数,如下图所示。

03 设置"蓝"通道

在属性面板中选择"蓝"通道,设置各项参数,以调整图像输出该通道的颜色,如下图所示。

04 设置不透明度

设置"通道混和器 1"的"不透明度"为 40%,以减淡图像的色调调整效果,如下图所示。

05 调整色彩平衡

单击"创建新的填充或调整图层"按钮，选择"色彩平衡"选项,在弹出的属性面板中设置各项参数,如下图所示。

06 设置"阴影"色调

在属性面板中选择"阴影"色调,设置各项参数,以调整该色调的颜色,增强照片的色调效果,如下图所示。

07 调整曝光度

单击"创建新的填充或调整图层"按钮 ，选择"曝光度"选项，在弹出的属性面板中设置各项参数，如下图所示。

08 调整黑白

单击"创建新的填充或调整图层"按钮 ，选择"黑白"选项，在弹出的属性面板中设置各项参数，如下图所示。

09 设置图层混合模式

设置"黑白1"的图层混合模式为"明度"，将调整后的效果应用到背景图像中，以减淡画面中部分颜色的亮度，如下图所示。

10 锐化图像

按【Ctrl+Alt+Shift+E】组合键盖印图层，得到"图层1"。单击"滤镜"|"锐化"|"进一步锐化"命令，对照片进行锐化处理，查看最终效果，如下图所示。

8.1.4 使用HDR色调烘托照片气氛

"HDR 色调"命令可以用来修补太亮或太暗的图像，将普通的数码照片制作出高动态范围的图像效果，具体操作方法如下：

01 打开素材文件

单击"文件"|"打开"命令，打开"光盘：素材\08\村庄.jpg"，如右图所示。

02 调整 HDR 色调

单击"图像"|"调整"|"HDR 色调"命令，在弹出的对话框中设置各项参数，单击"确定"按钮，如下图所示。

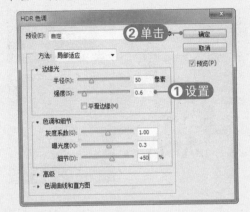

03 查看照片效果

经过调整 HDR 色调后，照片变得通透起来，整体色调偏黄，如下图所示。

04 调整通道混和器

单击"创建新的填充或调整图层"按钮，选择"通道混和器"选项，在弹出的属性面板中设置各项参数，如下图所示。

05 查看照片效果

此时照片中的红色和黄色增加，更加趋于秋天的金黄色，如下图所示。

06 调整色阶

单击"创建新的填充或调整图层"按钮，选择"色阶"选项，在弹出的属性面板中设置各项参数，如下图所示。

07 应用图像

按【Ctrl+Alt+Shift+E】组合键盖印图层，得到"图层 1"。单击"图像"|"应用图像"命令，在弹出的对话框中设置各项参数，单击"确定"按钮，如下图所示。

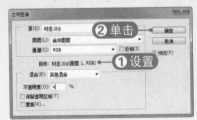

08 查看最终效果

调整照片的一些细节后，即可得到最终效果，如下图所示。

8.1.5 调出色彩浓厚的香港电影色调

20世纪80年代我国香港电影画质反差强烈，主题突出，色彩浑厚的不艳丽，看起来非常舒服。下面将在照片中制作这种特殊的香港电影色调，具体操作方法如下：

01 复制图层

打开"光盘：素材\08\电影色调.jpg"，按【Ctrl+J】组合键复制"背景"图层，得到"图层1"，如下图所示。

02 调整色相/饱和度

单击"图像"|"调整"|"色相/饱和度"命令，在弹出的对话框中设置各项参数，单击"确定"按钮，如下图所示。

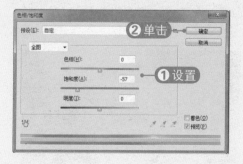

03 查看图像效果

此时图像的饱和度降低，以调出画面的怀旧色调，如下图所示。

04 添加纯色调整图层

单击"创建新的填充或调整图层"按钮，选择"纯色"选项，设置填充色为RGB（241，228，79），设置其图层混合模式为"柔光"，如下图所示。

05 设置图层混合模式

按【Ctrl+J】组合键复制图层，得到"颜色填充1拷贝"图层，设置其图层混合模式为"正片叠底"，如下图所示。

06 复制图层

选择"背景"图层，按【Ctrl+J】组合键进行复制，得到"背景拷贝"图层，并将其拖至"颜色填充1"上方，如下图所示。

07 置顶图层

按【Ctrl+Alt+Shift+E】组合键盖印图层，得到"图层2"。按【Ctrl+Shift+]】组合键置顶图层。单击 ⊘ 按钮，选择"色相/饱和度"选项，在弹出的面板中设置各项参数，如下图所示。

08 调整曲线

单击"创建新的填充或调整图层"按钮 ⊘，选择"曲线"选项，在弹出的面板中设置各项参数，即可得到香港电影色调的最终效果，如下图所示。

8.1.6 调出富士Velvia胶片效果

富士 Velvia 出色的饱和色彩深受摄影师的喜爱，对于风景图片其效果更是无与伦比的。本实例中的数码照片经过"通道混和器"调整图层调色处理后，色彩极为丰富和饱满，具体操作方法如下：

01 打开素材文件

单击"文件"|"打开"命令，打开"光盘：素材 \08\ 路 .jpg"，如下图所示。

02 调整通道混和器

单击"创建新的填充或调整图层"按钮 ⊘，选择"通道混和器"选项，在弹出的属性面板中设置各项参数，如下图所示。

03 设置"蓝"通道

在属性面板中选择"蓝"通道，设置各项参数，以调整图像输出该通道的颜色，如下图所示。

04 调整曲线

单击"创建新的填充或调整图层"按钮 ⊘，选择"曲线"选项，在弹出的属性面板中设置各项参数，如下图所示。

8.1.7 调出黄昏晚霞金色调

本实例使用"曲线"调整图层调出柔美的晚霞色调。在制作过程中，首先利用填充图层把图片主色调成橙红暖色，再利用"可选颜色"、"色彩平衡"、"曲线"等调整图层加强图片的层次和细节，具体操作方法如下：

01 复制图层

打开"光盘：素材 \08\ 金字塔 .jpg"，按【Ctrl+J】组合键复制"背景"图层，得到"图层 1"，如下图所示。

02 调整曲线

单击"创建新的填充或调整图层"按钮，选择"曲线"选项，在弹出的属性面板中设置各项参数，如下图所示。

03 设置"蓝"通道色调

在属性面板中选择"蓝"通道，设置各项参数，查看图像效果，如下图所示。

04 填充纯色

单击"创建新的填充或调整图层"按钮，选择"纯色"选项，在弹出的对话框中设置参数，单击"确定"按钮，如下图所示。

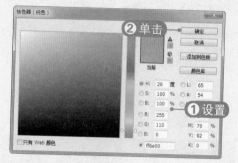

05 设置图层混合模式

设置"颜色填充 1"调整图层的图层混合模式为"柔光"，查看图像效果，如下图所示。

06 调整可选颜色

单击"创建新的填充或调整图层"按钮，选择"可选颜色"选项，在弹出的属性面板中设置各项参数，如下图所示。

07 调整色彩平衡

单击"创建新的填充或调整图层"按钮，选择"色彩平衡"选项，在弹出的属性面板中设置各项参数，如下图所示。

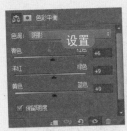

08 盖印图层

按【Ctrl+Alt+Shift+E】组合键盖印可见图层，得到"图层2"。按【Ctrl+J】组合键，得到"图层2拷贝"，如下图所示。

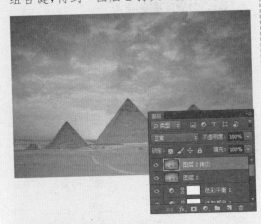

09 设置图层混合模式

设置"图层2拷贝"的图层混合模式为"柔光"，设置"不透明度"为30%，如下图所示。

10 复制并设置图层

按【Ctrl+J】组合键，得到"图层2拷贝2"，设置其图层混合模式为"正片叠底"，如下图所示。

11 调整曲线

单击"创建新的填充或调整图层"按钮，选择"曲线"选项，在弹出的属性面板中设置"预设"为"较暗"，如下图所示。

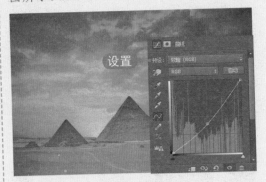

12 调整亮度/对比度

单击"创建新的填充或调整图层"按钮，选择"亮度/对比度"选项，在弹出的面板中设置各项参数，查看最终效果，如下图所示。

8.2　调整静物花卉照片

　　夏天，美丽的花朵漫山遍野，美不胜收。很多朋友喜欢拍花卉，却不知道后期应该怎么处理才能让照片更有味道。下面将详细介绍静物花卉类照片是如何通过后期制作使其充满新意和意境的。

8.2.1　将花卉照片恢复清新色调

　　本实例主要使用"Lab 模式"、"图层混合模式"和"可选颜色"等调色工具来将灰暗的花卉照片恢复为原本的清新色调，具体操作方法如下：

01　打开素材文件

　　单击"文件"|"打开"命令，打开"光盘：素材 \08\ 桃花 .jpg"，如下图所示。

02　转换颜色模式

　　单击"图像"|"模式"|"Lab 颜色"命令，转换颜色模式。按【Ctrl+J】组合键复制"背景"图层，得到"图层 1"，如下图所示。

03　设置图层混合模式

　　设置"图层 1"的图层混合模式为"正片叠底"，如下图所示。

04　转换颜色模式

　　单击"图像"|"模式"|"RGB 颜色"命令，弹出提示信息框，单击"拼合"按钮，如下图所示。

05　设置图层混合模式

　　按【Ctrl+J】组合键复制"背景"图层，得到"图层 1"，设置其图层混合模式为"滤色"，如下图所示。

06 复制并设置图层

按【Ctrl+J】组合键复制"图层 1"，得到"图层 1 拷贝"，设置其"不透明度"为 50%，如下图所示。

07 调整可选颜色

单击"创建新的填充或调整图层"按钮 ◙，选择"可选颜色"选项，在弹出的调整面板中设置各项参数，最终效果如下图所示。

8.2.2 增强花卉照片的层次感

在外景摄影作品中，我们经常会见到一些拍摄的花朵原图很模糊，且没有层次感。在 Photoshop 中可以通过调整颜色来增加图片的饱和度和对比度，从而快速增强照片的层次感，具体操作方法如下：

01 打开素材文件

单击"文件"|"打开"命令，打开"光盘：素材 \08\ 荷花 .jpg"，如下图所示。

02 应用 HDR 色调

单击"图像"|"调整"|"HDR 色调"命令，在弹出的对话框中设置各项参数，单击"确定"按钮，如下图所示。

03 调整曲线

单击"创建新的填充或调整图层"按钮 ◙，选择"曲线"选项，在弹出的属性面板中设置各项参数，如下图所示。

04 调整色彩平衡

单击"创建新的填充或调整图层"按钮 ◙，选择"色彩平衡"选项，在弹出的属性面板中设置各项参数，如下图所示。

05 盖印图层

继续在"属性"面板中设置"高光"选项的参数。按【Ctrl+Alt+Shift+E】组合键盖印可见图层，得到"图层1"，如下图所示。

06 应用图层

单击"图像"|"应用图像"命令，在弹出的对话框中设置各项参数，单击"确定"按钮，为图像压暗背景，如下图所示。

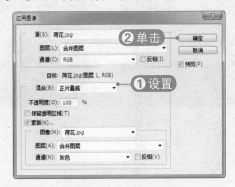

07 添加蒙版

单击"添加图层蒙版"按钮，为"图层1"添加图层蒙版。设置前景色为黑色，选择画笔工具，对荷花部分进行涂抹，如下图所示。

08 应用"高反差保留"滤镜

按【Ctrl+Alt+Shift+E】组合键盖印可见图层，得到"图层2"。单击"滤镜"|"其他"|"高反差保留"命令，在弹出的对话框中设置"半径"值为2像素，单击"确定"按钮，如下图所示。

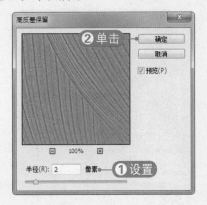

09 设置图层混合模式

设置"图层2"的图层混合模式为"叠加"，增强荷花的层次感，如下图所示。

10 添加蒙版

按住【Alt】键的同时单击"添加图层蒙版"按钮，设置前景色为白色，选择画笔工具，擦出荷花部分，如下图所示。

11 应用"高斯模糊"滤镜

按【Ctrl+Alt+Shift+E】组合键盖印可见图层，得到"图层3"。单击"滤镜"|"模糊"|"高斯模糊"命令，弹出对话框。设置"半径"值为5像素，单击"确定"按钮，如下图所示。

12 添加蒙版

单击"添加图层蒙版"按钮，为"图层3"添加蒙版。设置前景色为黑色，选择画笔工具，对荷花部分进行涂抹，如下图所示。

13 盖印图层

按【Ctrl+Alt+Shift+E】组合键盖印可见图层，得到"图层4"。单击"滤镜"|"其他"|"自定"命令，在弹出的对话框中设置各项参数，单击"确定"按钮，如下图所示。

14 查看最终效果

此时查看图像效果，花朵照片的层次感得到增强，如下图所示。

 知识加油站

拍摄花卉或静物等对象时，可采用封闭式或开放式的构图形式，即拍摄时被摄体场景全景或局部的取景表现。

8.2.3 打造枫叶高饱和色调

在众多的红叶树种中，枫树的树姿优美，叶形秀丽，秋季枫叶渐变为红色或黄色，与其他常绿树相配，彼此衬托掩映，增添了秋景的色彩之美。下面将进行枫叶高饱和色调的制作，具体操作方法如下：

01 打开素材文件

单击"文件"|"打开"命令,打开"光盘：素材\08\枫叶.jpg",如下图所示。

02 复制并设置图层

单击"图像"|"调整"|"曲线"命令,在弹出的对话框中设置各项参数,单击"确定"按钮,如下图所示。

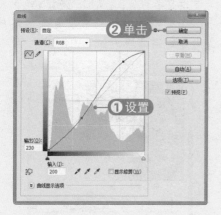

03 转换颜色模式

单击"图像"|"模式"|"Lab 颜色"命令,转换颜色模式。单击"图像"|"调整"|"曲线"命令,在弹出的对话框中设置各项参数,单击"确定"按钮,如下图所示。

04 调整色相/饱和度

单击"图像"|"模式"|"RGB 颜色"命令,转换颜色模式。单击"创建新的填充或调整图层"按钮,选择"色相/饱和度"选项,在弹出的面板中设置参数,如下图所示。

05 设置参数

在属性面板中设置"洋红"选项的各项参数,然后查看图像效果,如下图所示。

06 合并图层

按【Ctrl+E】组合键,将"色相/饱和度1"图层合并到"背景"图层中。按两次【Ctrl+J】组合键,得到"图层1"和"图层1拷贝",如下图所示。

07 设置色彩范围

单击"选择"|"色彩范围"命令，在弹出的对话框中设置色彩范围参数，单击"确定"按钮，如下图所示。

08 锐化图像

单击"滤镜"|"锐化"|"USM 锐化"命令，在弹出的对话框中设置各项参数，单击"确定"按钮，如下图所示。

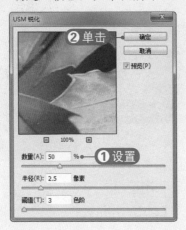

09 添加蒙版

单击"添加图层蒙版"按钮，为"图层 1 拷贝"添加图层蒙版，如下图所示。

10 设置色彩范围

选择"图层 1"，单击"选择"|"色彩范围"命令，在弹出的对话框中设置各项参数，单击"确定"按钮，如下图所示。

11 锐化图像

单击"滤镜"|"锐化"|"USM 锐化"命令，在弹出的对话框中设置各项参数，单击"确定"按钮，如下图所示。

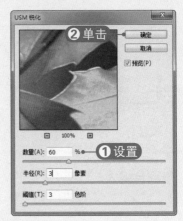

12 添加蒙版

单击"添加图层蒙版"按钮，为"图层 1"添加图层蒙版，即可得到最终效果，如下图所示。

8.2.4 调出怀旧伤感色调

若要制作单色图片，采用通道替换法是非常快捷的。不过颜色模式的选择也比较重要，了解清楚后就可以快速替换相应的通道，得到想要的暖色或冷色图片，后期微调颜色即可。

下面将进行褐色怀旧色调的制作，具体操作方法如下：

01 打开素材文件

单击"文件"|"打开"命令，打开"光盘：素材\08\薰衣草.jpg"，如下图所示。

02 转换颜色模式

单击"图像"|"模式"|"Lab 颜色"命令，转换颜色模式。按【Ctrl+J】组合键复制"背景"图层，得到"图层 1"，打开"通道"面板，如下图所示。

03 复制图像

选择 b 通道，按【Ctrl+A】组合键进行全选，按【Ctrl+C】组合键复制选区内的图像，如下图所示。

04 粘贴图像

选择 a 通道，按【Ctrl+V】组合键粘

贴图像，按【Ctrl+D】组合键取消选区，按【Ctrl+2】组合键显示 RGB 通道，如下图所示。

05 转换颜色模式

单击"图像"|"模式"|"RGB 颜色"命令，在弹出的对话框中单击"不拼合"按钮，如下图所示。

06 调整色相/饱和度

单击"创建新的填充或调整图层"按钮 ◯，选择"色相/饱和度"选项，在弹出的属性面板中设置各项参数，如下图所示。

07 调整色阶

单击"创建新的填充或调整图层"按钮，选择"色阶"选项，在弹出的属性面板中设置各项参数，如下图所示。

08 调整可选颜色

单击"创建新的填充或调整图层"按钮，选择"可选颜色"选项，在弹出的属性面板中设置各项参数，如下图所示。

09 新建并填充图层

单击"创建新图层"按钮，新建"图层 2"。设置前景色为白色，按【Alt+Delete】组合键填充图层，设置其图层混合模式为"柔光"，"不透明度"为 40%，如下图所示。

10 添加蒙版

按住【Alt】键的同时单击"添加图层蒙版"按钮，为"图层 2"添加图层蒙版。设置前景色为白色，选择画笔工具，擦出薰衣草的部分，如下图所示。

11 应用"添加杂色"滤镜

按【Ctrl+Alt+Shift+E】组合键盖印可见图层，得到"图层 3"。单击"滤镜"|"杂色"|"添加杂色"命令，在弹出的对话框中设置滤镜参数，单击"确定"按钮，如下图所示。

12 查看最终效果

此时即可得到利用替换通道调出的褐色怀旧色调的最终效果，如下图所示。

8.2.5 制作复古颓废暖色调

本实例将详细介绍如何将一张普通花卉图片制作出复古颓废暖色调的方法。在制作过程中，主要使用"通道混和器"调整工具来进行调色，然后利用滤镜加上一些简单的杂色来增强图片的古典韵味，具体操作方法如下：

01 复制图层

打开"光盘：素材 \08\ 菊花 .jpg"，按【Ctrl+J】组合键复制"背景"图层，得到"图层1"，如下图所示。

02 调整通道混和器

单击"创建新的填充或调整图层"按钮 ◉，选择"通道混和器"选项，在弹出的属性面板中设置各项参数，如下图所示。

03 调整色彩平衡

单击"创建新的填充或调整图层"按钮 ◉，选择"色彩平衡"选项，在弹出的属性面板中设置各项参数，如下图所示。

04 设置图层混合模式

设置"色彩平衡1"调整图层的图层混合模式为"正片叠底"，"不透明度"为56%，如下图所示。

05 调整曲线

单击"创建新的填充或调整图层"按钮 ◉，选择"曲线"选项，在弹出的属性面板中设置各项参数，如下图所示。

06 调整可选颜色

单击"创建新的填充或调整图层"按钮 ◉，选择"可选颜色"选项，在弹出的属性面板中设置各项参数，如下图所示。

07 调整渐变映射

单击"创建新的填充或调整图层"按钮◎，选择"渐变映射"选项，在弹出的属性面板中设置渐变色，如下图所示。

08 设置图层混合模式

设置"渐变映射1"调整图层的图层混合模式为"正片叠底"，"不透明度"为60%，如下图所示。

09 调整通道混和器

单击"创建新的填充或调整图层"按钮◎，选择"通道混和器"选项，在弹出的属性面板中设置各项参数，如下图所示。

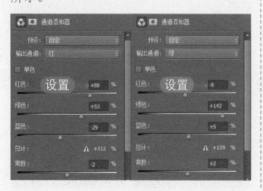

10 设置"蓝"通道

继续在"通道混和器"属性面板中设置"蓝"通道的各项参数，然后设置该调整图层的图层混合模式为"滤色"，如下图所示。

11 调整通道混和器

单击"创建新的填充或调整图层"按钮◎，选择"通道混和器"选项，在弹出的属性面板中设置各项参数，如下图所示。

12 应用"胶片颗粒"滤镜

按【Ctrl+Alt+Shift+E】组合键，得到"图层2"。单击"滤镜"|"滤镜库"|"艺术效果"|"胶片颗粒"命令，设置各项参数，单击"确定"按钮，如下图所示。

⑬ 应用"智能锐化"滤镜

单击"滤镜"|"锐化"|"智能锐化"命令，在弹出的对话框中设置各项参数，单击"确定"按钮，如下图所示。

⑭ 查看最终效果

此时即可得到复古颓废暖色调的最终效果，如下图所示。

8.2.6 调出写意梦幻紫色调

色彩既是客观世界的反映，也是主观世界的感受。下面主要使用"渐变映射"、"曲线"、"可选颜色"和"动感模糊"滤镜等工具来打造出写意梦幻紫色调效果，具体操作方法如下：

① 复制图层

打开"光盘：素材\08\玩具车.jpg"文件，按【Ctrl+J】组合键复制"背景"图层，得到"图层1"，如下图所示。

③ 设置图层混合模式

设置"渐变映射1"调整图层的图层混合模式为"正片叠底"，"不透明度"为30%，如下图所示。

② 调整渐变映射

单击"创建新的填充或调整图层"按钮，选择"渐变映射"选项，在弹出的属性面板中设置各项参数，如下图所示。

④ 调整曲线

单击"创建新的填充或调整图层"按钮，选择"曲线"选项，在弹出的属性面板中设置各项参数，如下图所示。

05 调整可选颜色

单击"创建新的填充或调整图层"按钮 ◙，选择"可选颜色"选项，在弹出的属性面板中设置各项参数，如下图所示。

06 盖印图层

按【Ctrl+Alt+Shift+E】组合键盖印可见图层，得到"图层 2"，查看此时的图像效果，如下图所示。

07 应用"动感模糊"滤镜

单击"滤镜"|"模糊"|"动感模糊"命令，在弹出的对话框中设置各项参数，单击"确定"按钮，如下图所示。

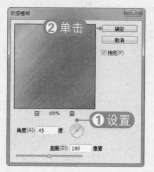

08 设置图层混合模式

设置"图层 2"的图层混合模式为"滤色"，"不透明度"为 80%，如下图所示。

09 添加蒙版

单击"添加图层蒙版"按钮 ▣，为"图层 2"添加图层蒙版。设置前景色为黑色，选择画笔工具 ✐，对过亮部分进行涂抹，如下图所示。

10 复制并设置图层

按【Ctrl+J】组合键复制"图层 2"，得到"图层 2 拷贝"，设置其"不透明度"为 30%，如下图所示。

⑪ **调整自然饱和度**

单击"创建新的填充或调整图层"按钮◐，选择"自然饱和度"选项，在弹出的属性面板中设置各项参数，如下图所示。

⑫ **调整色阶**

单击"创建新的填充或调整图层"按钮◐，选择"色阶"选项，在属性面板中设置各项参数，即可得到最终效果，如下图所示。

8.3 调整自然风景照片

在自然风景数码摄影中，由于数码相机质量和拍摄水平等因素影响可能拍不出理想的效果来，而通过 Photoshop 中许多强大的色彩和色调调整工具则可以很好地解决这些问题，让平淡无奇的照片变得光彩四溢。

8.3.1 使暗淡的风景照片变明亮

许多朋友经常抱怨自己拍摄的照片不好看，其实只要通过后期调整就可以让灰暗的风景照片焕然一新。在本实例制作过程中，首先突出黄色和树的层次，然后拉开近中远处的色调，最后为泛白的天空添加蓝色渐变，具体操作方法如下：

① **复制图层**

打开"光盘：素材 \08\ 平原 .jpg"，按【Ctrl+J】组合键复制"背景"图层，得到"图层 1"，如下图所示。

② **应用图像**

单击"图像"|"应用图像"命令，在弹出的对话框中设置各项参数，单击"确定"按钮，如下图所示。

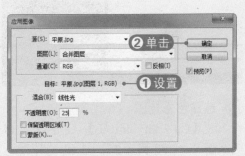

03 查看图像效果

此时照片整体亮度提高，去除了一些灰蒙蒙的感觉，如下图所示。

04 调整色阶

单击"创建新的填充或调整图层"按钮◎，选择"色阶"选项，在弹出的属性面板中设置各项参数，如下图所示。

05 涂抹天空

设置前景色为黑色，选择画笔工具，在其属性栏中设置"不透明度"为30%，对天空进行涂抹，如下图所示。

06 选择色彩范围

按【Ctrl+Alt+Shift+E】组合键盖印可见图层，得到"图层2"。单击"选择"|"色彩范围"命令，在弹出的对话框中设置各

项参数，单击"确定"按钮，如下图所示。

07 调整色阶

单击"创建新的填充或调整图层"按钮◎，选择"色阶"选项，在弹出的属性面板中设置各项参数，如下图所示。

08 创建选区

选择矩形选框工具▣，在图像中天空部分创建一个矩形选区。单击"创建新图层"按钮▣，新建"图层3"，如下图所示。

09 绘制渐变色

选择渐变工具▣，设置渐变色为RGB（32，161，234）到白色，单击线性渐变按钮▣，在选区内绘制渐变色，按【Ctrl+D】组合键取消选区，如下图所示。

10 添加蒙版

单击"添加图层蒙版"按钮 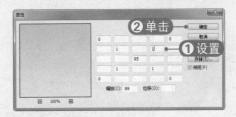，为"图层3"添加蒙版。设置前景色为黑色，选择画笔工具 ，对树和部分天空进行涂抹，如下图所示。

11 应用"自定"滤镜

按【Ctrl+Alt+Shift+E】组合键，得到"图层4"。单击"滤镜"|"其他"|"自定"命令，在弹出的对话框中设置各项参数，单击"确定"按钮，如下图所示。

12 查看最终效果

此时天空颜色变得更加通透，照片整体颜色亮丽，最终效果如下图所示。

8.3.2 打造绚丽的朝霞紫色调

本实例将详细介绍如何将一张灰暗的山峦照片打造出绚丽的朝霞紫色调效果。在制作过程中，需要把天空部分与山峦部分分别进行调色，这样可以很精确地控制各部分的颜色，具体操作方法如下：

01 复制图层

打开"光盘：素材 \08\ 山峦 .jpg"，按【Ctrl+J】组合键复制"背景"图层，得到"图层1"，如下图所示。

02 添加并编辑蒙版

设置"图层1"的图层混合模式为"柔光"，单击"添加图层蒙版"按钮 ，设置前景色为黑色，选择画笔工具，对蒙版进行编辑操作，隐藏部分图像，如下图所示。

⓪③ 调整色阶

　　单击"创建新的填充或调整图层"按钮◯，选择"色阶"选项，在弹出的属性面板中设置各项参数，如下图所示。

⓪④ 替换图层蒙版

　　按住【Alt】键的同时单击"图层1"的蒙版缩览图，将其拖到"色阶1"蒙版缩览图上放开鼠标，在弹出的提示信息框中单击"是"按钮，如下图所示。

⓪⑤ 调整色阶

　　单击"创建新的填充或调整图层"按钮◯，选择"色阶"选项，在弹出的属性面板中设置各项参数，如下图所示。

⓪⑥ 编辑蒙版

　　设置前景色为黑色，选择画笔工具✐，设置其"不透明度"为100%，对"色阶2"蒙版进行编辑操作，隐藏部分图像，如下图所示。

⓪⑦ 调整色阶

　　单击"创建新的填充或调整图层"按钮◯，选择"色阶"选项，在弹出的属性面板中设置各项参数，如下图所示。

⓪⑧ 替换图层蒙版

　　按住【Alt】键的同时单击"图层1"的蒙版缩览图，将其拖到"色阶1"蒙版缩览图上放开鼠标，在弹出的提示信息框中单击"是"按钮，如下图所示。

09　调整色阶

单击"创建新的填充或调整图层"按钮❷，选择"色阶"选项，在弹出的属性面板中设置各项参数，如下图所示。

10　编辑蒙版

设置前景色为黑色，选择画笔工具✍，并随时调整其不透明度，对"色阶4"蒙版进行编辑操作，隐藏部分图像，如下图所示。

11　调整色阶

单击"创建新的填充或调整图层"按钮❷，选择"色阶"选项，在弹出的属性面板中设置各项参数，如下图所示。

12　编辑蒙版

设置前景色为黑色，选择画笔工具✍，设置其"不透明度"为100%，对"色阶5"蒙版进行编辑操作，隐藏部分图像，如下图所示。

13　调整色阶

单击"创建新的填充或调整图层"按钮❷，选择"色阶"选项，在弹出的属性面板中设置各项参数，如下图所示。

14　编辑蒙版

选择画笔工具✍，对"色阶6"蒙版进行编辑操作，隐藏天空和山峦图像，即可得到最终效果，如下图所示。

8.3.3 制作高对比沙漠暖色调

本实例照片整体以冷暖对比色为主，沙漠在蓝天的衬托下显示出沙漠特有的景象。下面将进行高对比沙漠暖色调的制作，具体操作方法如下：

01 打开素材文件

单击"文件"|"打开"命令，打开"光盘：素材\08\沙漠.jpg"，如下图所示。

02 应用自动色调

按【Ctrl+J】组合键复制"背景"图层，得到"图层1"。单击"图像"|"自动色调"命令，如下图所示。

03 调整可选颜色

单击"创建新的填充或调整图层"按钮，选择"可选颜色"选项，在弹出的属性面板中设置各项参数，如下图所示。

04 调整可选颜色

单击"创建新的填充或调整图层"按

钮，选择"可选颜色"选项，在弹出的属性面板中设置各项参数，如下图所示。

05 调整曲线

单击"创建新的填充或调整图层"按钮，选择"曲线"选项，在弹出的属性面板中设置各项参数，如下图所示。

06 编辑蒙版

设置前景色为黑色，选择画笔工具，擦除照片中过亮和过暗的部分。按【Ctrl+Alt+Shift+E】组合键盖印图层，得到"图层2"，如下图所示。

07 应用"表面模糊"滤镜

单击"滤镜"|"模糊"|"表面模糊"命令，在弹出的对话框中设置各项参数，单击"确定"按钮，如下图所示。

08 设置图层混合模式

设置"图层2"的图层混合模式为"强光"，"不透明度"为15%，增加沙漠的层次感，最终效果如下图所示。

8.3.4 打造仿红外色调

红外摄影捕捉可见光之外的红外光线成像。红外线位于可见光与短波之间，这种照片非常独特而且漂亮，是目前比较流行的一种色调调整方式。下面将进行流行的仿红外色调的制作，具体操作方法如下：

01 打开素材文件

单击"文件"|"打开"命令，打开"光盘：素材 \ 08\ 房子 .jpg"，如下图所示。

02 调整曲线

单击"创建新的填充或调整图层"按钮，选择"曲线"选项，在弹出的属性面板中设置各项参数，如下图所示。

03 调整色阶

单击"创建新的填充或调整图层"按钮，选择"色阶"选项，在弹出的属性面板中设置各项参数，如下图所示。

04 调整色相 / 饱和度

单击"创建新的填充或调整图层"按钮，选择"色相 / 饱和度"选项，在弹出的属性面板中设置各项参数，如下图所示。

05 调整色阶

单击"创建新的填充或调整图层"按钮◎，选择"色阶"选项，在弹出的属性面板中设置各项参数，如下图所示。

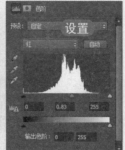

06 设置"蓝"通道

在属性面板中选择"蓝"通道，设置各项参数，查看调整后的图像效果，如下图所示。

07 调整色阶

按【Ctrl+Alt+Shift+E】组合键，得到"图层1"。单击"创建新的填充或调整图层"按钮◎，选择"色阶"选项，在弹出的面板中设置各项参数，如下图所示。

08 复制并设置图层

选择"图层1"，按【Ctrl+J】组合键进行复制，得到"图层1拷贝"，并将其拖至"色阶3"图层的上方，设置其图层混合模式为"柔光"，如下图所示。

09 调整色阶

单击"创建新的填充或调整图层"按钮◎，选择"色阶"选项，在弹出的属性面板中设置各项参数，如下图所示。

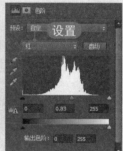

10 设置"蓝"通道

在属性面板中选择"蓝"通道，设置各项参数，查看调整后的图像效果，如下图所示。

⑪ **复制并置顶图层**

选择"背景"图层，按【Ctrl+J】组合键进行复制，得到"背景 拷贝"图层。按【Ctrl+Shift+]】组合键置顶图层，如下图所示。

⑫ **添加蒙版**

按住【Alt】键的同时单击"添加图层蒙版"按钮，设置前景色为白色，选择画笔工具，对树和房子进行涂抹，即可得到最终效果，如下图所示。

8.3.5 为风光照片打造绚丽青色调

Camera Raw 滤镜是 Photoshop 的一个增效工具。在 Camera Raw 滤镜中可以对数码照片的白平衡、色调范围、对比度、颜色饱和度及锐化进行调整。下面详细介绍高饱和绚丽青色调的制作，具体操作方法如下：

① **复制图层**

打开"光盘：素材 \08\ 雪 .jpg"，按【Ctrl+J】组合键复制"背景"图层，得到"图层 1"，如下图所示。

② **应用 Camera Raw 滤镜**

单击"滤镜"|"Camera Raw 滤镜"命令，在弹出的对话框中单击右侧选项卡中的"自动"按钮，如下图所示。

③ **调整基本参数**

在"基本"选项卡中设置"色温"、"色调"、"曝光"等参数值，此时照片整体色调偏暗，如下图所示。

④ **调整色调曲线**

单击"色调曲线"按钮，在"色调曲线"选项卡中设置各项参数值，增加照片的对比度，如下图所示。

05 调整 HSL/ 灰度

单击"HSL/ 灰度"按钮，设置"色相"选项卡中的各项参数，增加照片中的蓝色，减少绿色和橙色，如下图所示。

06 调整饱和度

选择"饱和度"选项卡，设置各项参数值，增加照片中橙色、黄色、绿色和蓝色的饱和度，如下图所示。

07 调整明亮度

选择"明亮度"选项卡，设置各项参数值，将照片中的蓝色部分调暗，绿色部分调亮，如下图所示。

08 调整分离色调

单击"分离色调"按钮，设置"高光"与"阴影"选项参数，如下图所示。

09 添加径向滤镜

选择"径向滤镜"工具，拖动鼠标在预览窗口左侧绘制一个椭圆形，设置各项参数，调整该区域的色调，如下图所示。

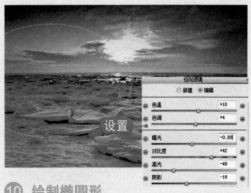

10 绘制椭圆形

用同样的操作方法在预览窗口右侧再绘制一个椭圆形，单击"确定"按钮，如下图所示。

11 **应用"高反差保留"滤镜**

　　按【Ctrl+J】组合键复制"图层1"，得到"图层1拷贝"。单击"滤镜"|"其他"|"高反差保留"滤镜，在弹出的对话框中设置滤镜参数，单击"确定"按钮，如下图所示。

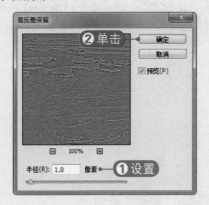

12 **设置图层混合模式**

　　设置"图层1拷贝"的图层混合模式为"叠加"，即可得到高饱和绚丽色调，最终效果如下图所示。

Chapter
09
数码照片精彩特效制作

在拍摄数码照片后可以对其进行一些后期特效处理，制作出各种风格迥异的艺术效果，使其焕发出非同寻常的光彩。本章将详细介绍如何使用 Photoshop CC 制作下雨效果、网点效果、阳光投射效果和抽丝效果等 18 种特效，让读者充分领略数码特效制作的非凡魅力。

9.1 制作绵绵细雨效果

在 Photoshop 中利用"点状化"滤镜可以将一张晴天照片轻松打造成下雨效果。下面将介绍如何制作绵绵细雨效果，具体操作方法如下：

01 打开素材文件

单击"文件"|"打开"命令，打开"光盘：素材\09\蘑菇.jpg"，如下图所示。

02 新建并填充图层

单击"创建新图层"按钮，新建"图层1"。设置前景色为白色，然后按【Alt+Delete】组合键填充前景色，如下图所示。

03 应用"点状化"滤镜

单击"滤镜"|"像素化"|"点状化"命令，在弹出的对话框中设置"单元格大小"为3，单击"确定"按钮，如下图所示。

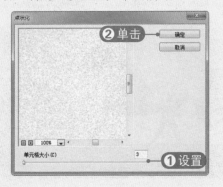

04 色调均化

此时照片中就会添加一些彩色的点。单击"图像"|"调整"|"色调均化"命令，改变点的大小和色彩，如下图所示。

05 调整阈值

单击"图像"|"调整"|"阈值"命令，在弹出的对话框中设置"阈值"为50，单击"确定"按钮，如下图所示。

06 反相图像

按【Ctrl+I】组合键将图像反相，即可得到白色的点。在"图层"面板中设置"图层1"的图层混合模式为"滤色"，如下图所示。

07 应用"动感模糊"滤镜

单击"滤镜"|"模糊"|"动感模糊"命令，在弹出的对话框中设置各项参数，单击"确定"按钮，如下图所示。

08 查看照片效果

此时查看使用"动感模糊"滤镜后的照片效果，如下图所示。

09 调整色阶

单击"图像"|"调整"|"色阶"命令，弹出"色阶"对话框，设置各项参数，单击"确定"按钮，如下图所示。

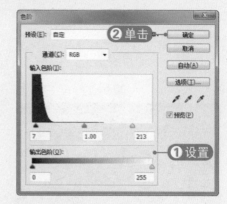

10 查看雨丝效果

此时在照片中已经出现了很自然的雨丝效果，如下图所示。

9.2 打造骏马奔跑聚焦效果

数码聚焦效果是在拍摄照片时使用较慢的快门速度，同时迅速改变镜头焦距而产生的特殊效果。这种效果的照片可以给人以强烈的视觉冲击力，下面将介绍如何制作这种效果，具体操作方法如下：

01 打开素材文件

单击"文件"|"打开"命令，打开"光盘：素材\09\马.jpg"，如右图所示。

02 调整曲线

单击"图像"|"调整"|"曲线"命令，在弹出的对话框中设置各项参数，单击"确定"按钮。按【Ctrl+J】组合键，得到"图层1"，如下图所示。

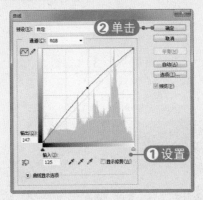

03 应用"径向模糊"滤镜

单击"滤镜"|"模糊"|"径向模糊"命令，在弹出的对话框中设置各项参数，单击"确定"按钮，如下图所示。

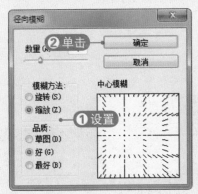

04 查看最终效果

此时即可看到照片中已经有了一种聚焦的感觉，如下图所示。

05 添加并编辑蒙版

单击"添加图层蒙版"按钮，设置前景色为黑色。选择画笔工具，对马进行擦拭，在涂抹到与草地交界处时要换成较低的不透明度，以得到更为自然的效果，如下图所示。

06 复制并设置图层

按【Ctrl+J】组合键复制"图层1"，得到"图层1 拷贝"，设置其图层混合模式为"柔光"，"不透明度"为50%，加强照片的画面效果，最终效果如下图所示。

9.3 制作突出主体的景深效果

景深就是当焦距对准某一点时其前后都仍然清晰的范围，它能决定是把背景模糊化来突出拍摄对象，还是拍摄出清晰的背景。下面将详细介绍如何制作这种景深效果。

01 复制图层

打开"光盘：素材 \09\ 景深 .jpg"，按【Ctrl+J】组合键复制"背景"图层，得到"图层1"，如下图所示。

02 应用"高斯模糊"滤镜

单击"滤镜"|"模糊"|"高斯模糊"命令，在弹出的对话框中设置"半径"为 9 像素，单击"确定"按钮，如下图所示。

03 添加蒙版

单击"添加图层蒙版"按钮，为"图层1"添加蒙版。选择渐变工具，单击"径向渐变"按钮，设置黑白渐变色，从人物向外绘制渐变，如下图所示。

04 编辑蒙版

设置前景色为黑色，选择画笔工具，设置"不透明度"为 30%，继续对蒙版进行编辑，即可得到较好的景深效果，如下图所示。

05 复制并设置图层

按【Ctrl+J】组合键复制"图层1"，得到"图层1拷贝"，设置其图层混合模式为"滤色"，"不透明度"为 60%，增强画面效果，如下图所示。

06 调整曲线

单击"创建新的填充或调整图层"按钮，选择"曲线"选项，在弹出的调整面板中设置各项参数，如下图所示。

07　查看设置效果

此时即可看到画面中的黄色减少，显得很清新，如下图所示。

08　调整亮度 / 对比度

单击"创建新的填充或调整图层"按钮 ，选择"亮度 / 对比度"选项，在弹出的调整面板中设置各项参数，如下图所示。

9.4　打造梦幻星云效果

本实例首先使用"云彩"滤镜制作出云彩效果，然后整体调色及渲染，再加上装饰效果即可制作出梦幻星云效果，具体操作方法如下：

01　打开素材文件

单击"文件"|"打开"命令，打开"光盘：素材 \09\ 星云 .jpg"，如下图所示。

02　新建并填充图层

单击"创建新图层"按钮 ，新建"图层 1"。设置背景色为黑色，按【Alt+Delete】组合键进行填充，如下图所示。

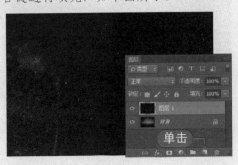

03　应用"云彩"滤镜

单击"滤镜"|"渲染"|"云彩"命令，如下图所示。

04　设置图层混合模式

按【Ctrl+F】组合键再次执行"云彩"滤镜，设置"图层 1"的图层混合模式为"滤色"，如下图所示。

05 混合图像

单击"添加图层样式"按钮 *fx*，选择"混合选项"选项，在弹出的对话框中按住【Alt】键的同时拖动"本图层"和"下一图层"下的滑块，调整滑块的位置，单击"确定"按钮，如下图所示。

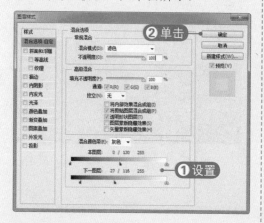

06 添加并编辑蒙版

单击"添加图层蒙版"按钮 ◻，为其添加图层蒙版。设置前景色为黑色，选择画笔工具 ✐，对地面区域进行涂抹，如下图所示。

07 调整色彩平衡

单击"创建新的填充或调整图层"按钮 ◐，选择"色彩平衡"选项，在弹出的属性面板中设置各项参数，如下图所示。

08 调整阴影

在"属性"面板中继续调整"阴影"选项的色调，如下图所示。

09 编辑蒙版

设置前景色为黑色，选择画笔工具 ✐，对地面区域进行涂抹，如下图所示。

10 新建并设置图层

用同样的操作再新建一个云彩图层"图层 2"，并使用"混合"图层样式进行调整，如下图所示。

11 添加图层蒙版

设置"图层 2"的图层混合模式为"叠加"。单击"添加图层蒙版"按钮 ▣，为其添加图层蒙版，如下图所示。

12 编辑蒙版

设置前景色为黑色，选择画笔工具 ✎，对"图层 2"的蒙版进行编辑操作，即可得到最终效果，如下图所示。

知识加油站

夜景是富有特殊魅力的摄影主题，在拍摄夜景时正确的曝光设置是十分重要的。点测光和区域测光在此时是重要的表现手法，应选择画面中最亮到最暗的过渡区域作为测光依据。

9.5 打造逼真雪景效果

雪是冬天的使者，洁白的象征，它像玉一样洁，像烟一样轻，像柳絮一样柔。利用 Photoshop 中的通道和滤镜可以把普通风景照片快速制作成下雪效果，使其"银装素裹，分外妖娆"。下面将介绍如何制作雪景效果，具体操作方法如下：

01 打开素材文件

单击"文件"|"打开"命令，打开"光盘：素材 \09\ 别墅"，如下图所示。

02 复制通道

单击"窗口"|"通道"命令，打开"通道"面板。将"绿"通道拖至"创建新通道"按钮 ▣ 上，得到"绿 拷贝"通道，如下图所示。

03 应用"胶片颗粒"滤镜

单击"滤镜"|"滤镜库"|"艺术效果"|"胶片颗粒"命令,在弹出的对话框中设置"高光区域"为12,"强度"为7,单击"确定"按钮,如下图所示。

04 载入选区

按住【Ctrl】键的同时单击"绿 拷贝"通道缩览图,载入选区,如下图所示。

05 新建图层

按【Ctrl+2】组合键,显示复合通道。单击"创建新图层"按钮，新建"图层1",如下图所示。

06 填充图层

设置背景色为白色,按【Ctrl+Delete】组合键填充"图层1",按【Ctrl+D】组合键取消选区,如下图所示。

07 添加蒙版

单击"添加图层蒙版"按钮，为"图层1"添加蒙版。设置前景色为黑色,选择画笔工具，对房子部分进行涂抹,如下图所示。

08 调整色阶

单击"创建新的填充或调整图层"按钮，选择"色阶"选项,在弹出的面板中设置各项参数,此时即可查看制作的雪景效果,如下图所示。

9.6 制作古典人像效果

古典与时尚是两个完全不同的概念，但它们并不相互对立。下面主要通过使用"水彩"和"纹理化"滤镜为照片添加仿旧效果，以突出人物的高雅气质，具体操作方法如下：

01 打开素材文件

单击"文件"|"打开"命令，打开"光盘：素材\09\古典.jpg"，如下图所示。

02 调整曲线

单击 ⊙ 按钮，选择"曲线"选项，在弹出的调整面板中设置各项参数。按【Ctrl+Shift+Alt+E】组合键盖印所有图层，得到"图层1"，如下图所示。

03 应用"水彩"滤镜

单击"滤镜"|"滤镜库"|"艺术效果"|"水彩"命令，在弹出的对话框中设置各项参数，单击"确定"按钮，如下图所示。

04 设置图层混合模式

在"图层"面板中设置"图层1"的图层混合模式为"叠加"，"不透明度"为50%，如下图所示。

05 复制图层

选择"背景"图层，按【Ctrl+J】组合键复制"背景"图层，得到"背景拷贝"图层，并将其调整到所有图层的上方，如下图所示。

06 应用"纹理化"滤镜

单击"滤镜"|"滤镜库"|"纹理"|"纹理化"命令，在弹出的对话框中设置"缩放"为76，"凸现"为3，单击"确定"按钮，如下图所示。

⑦ 设置不透明度

在"图层"面板中设置"背景 拷贝"的"不透明度"为70%，如下图所示。

⑧ 调整亮度 / 对比度

单击"创建新的填充或调整图层"按钮⚫，选择"亮度 / 对比度"选项，在弹出的面板中设置各项参数，即可看到照片的色彩得到了进一步增强，如下图所示。

9.7 为路灯制作星光效果

在 Photoshop 中制作星光效果的方法非常简单，只需把素材照片复制两个图层，分别用"动感模糊"滤镜进行模糊处理。只是两层模糊的方向要呈 90°角，然后改变图层混合模式即可，具体操作方法如下：

⑴ 打开素材文件

单击"文件"|"打开"命令，打开"光盘：素材 \09\ 灯光 .jpg"，如下图所示。

⑵ 复制图层

按【Ctrl+J】组合键两次复制"背景"图层，得到"图层 1"和"图层 1 拷贝"，如下图所示。

⑶ 应用"动感模糊"滤镜

单击"滤镜"|"模糊"|"动感模糊"命令，在弹出的对话框中设置各项参数，单击"确定"按钮，如下图所示。

04 设置图层混合模式

设置"图层 1 拷贝"的图层混合模式为"变亮",然后选择"图层 1",如下图所示。

05 应用"动感模糊"滤镜

单击"滤镜"|"模糊"|"动感模糊"命令,在弹出的对话框中设置各项参数,单击"确定"按钮,如下图所示。

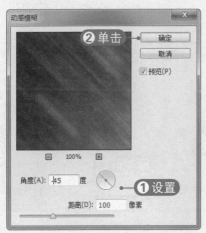

06 设置图层混合模式

设置"图层 1"的图层混合模式为"变亮",此时添加的星光效果比较模糊,如下图所示。

07 合并并设置图层

按住【Ctrl】键的同时选择"图层 1 拷贝",按【Ctrl+E】组合键合并图层,将其图层混合模式设置为"变亮",如下图所示。

08 应用"USM 锐化"滤镜

单击"滤镜"|"锐化"|"USM 锐化"命令,在弹出的对话框中设置各项参数,单击"确定"按钮,如下图所示。

09 设置不透明度

设置"图层 1 拷贝"的"不透明度"为 70%。单击"添加图层蒙版"按钮,为其添加图层蒙版,如下图所示。

⑩ 编辑蒙版

　　设置前景色为黑色，选择画笔工具 ，对灯光之外的图像进行涂抹，即可得到为夜景灯光添加的星光效果，如右图所示。

9.8　制作高对比肖像效果

　　高对比肖像是目前非常受热捧的一种肖像技术，在杂志、CD、电影宣传海报上都能经常看到这种效果。下面将介绍如何制作这种高对比肖像效果，具体操作方法如下：

01 复制图层

　　打开"光盘：素材\第9章\肖像效果.jpg"。按【Ctrl+J】组合键复制"背景"图层，得到"图层1"，如下图所示。

02 创建选区

　　选择套索工具 ，在照片人物脸部较暗的地方拖动鼠标创建选区，如下图所示。

03 羽化选区

　　按【Shift+F6】组合键，弹出"羽化选区"对话框，设置"羽化半径"为100像素，单击"确定"按钮，如下图所示。

04 调整曲线

　　按【Ctrl+M】组合键，弹出"曲线"对话框，向下调整曲线，降低阴影部分的亮度，单击"确定"按钮，如下图所示。

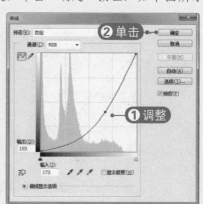

05 取消选区

按【Ctrl+D】组合键取消选区，查看此时的照片效果，如下图所示。

06 图像去色

按【Ctrl+J】组合键复制"图层1"，得到"图层1拷贝"。按【Ctrl+Shift+U】组合键，为照片去色，如下图所示。

07 复制图层

选择"背景"图层，按【Ctrl+J】组合键进行复制，得到"背景 拷贝"图层，并将其拖至所有图层的上方，如下图所示。

08 设置图层混合模式

设置"背景 拷贝"图层的图层混合模

式为"叠加"，"不透明度"为60%，增强画面效果，如下图所示。

09 应用"添加杂色"滤镜

按【Ctrl+Shift+Alt+E】组合键盖印所有图层，得到"图层2"。单击"滤镜"|"杂色"|"添加杂色"命令，在弹出的对话框中设置各项参数，单击"确定"按钮，如下图所示。

10 查看照片效果

此时可以看到照片的质感得到了增强，效果如下图所示。

⑪ **应用"USM 锐化"滤镜**

单击"滤镜"|"锐化"|"USM 锐化"命令，在弹出的对话框中设置各项参数，单击"确定"按钮，如下图所示。

⑫ **查看最终效果**

此时人物图像变得更加清晰。至此，流行高对比肖像效果制作完成，最终效果如下图所示。

知识加油站

表现景深的三要素包括镜头焦距、拍摄距离和光圈大小。焦距越长，景深越浅；焦距越短，景深越深。相机与被摄体的距离越近，景深越浅；距离越远，则景深越深；光圈越大，景深越浅；光圈越小，则景深越深。

9.9 制作汽车行驶动感效果

我们拍摄的数码照片都是静态的，为了更好地表现照片场景中"动"的意境，可以对照片进行动感效果处理。下面将介绍如何制作这种动感效果，具体操作方法如下：

① **复制图层**

打开"光盘：素材 \09\ 汽车 .jpg"，按【Ctrl+J】组合键复制"背景"图层，得到"图层 1"，如下图所示。

② **应用"动感模糊"滤镜**

单击"滤镜"|"模糊"|"动感模糊"命令，在弹出的对话框中设置各项参数，单击"确定"按钮，如下图所示。

03 添加图层蒙版

此时即可看到照片中已经有了一种动感效果。单击"添加图层蒙版"按钮 ，为"图层1"添加图层蒙版，如下图所示。

04 编辑蒙版

设置前景色为黑色，选择画笔工具 ，对车进行擦拭。在涂抹到与周围交界处时要换成较低的不透明度，从而得到自然的过渡效果，如下图所示。

9.10 打造烟雾缭绕效果

烟雾缭绕的风景照片让人感觉祥和、神秘。在 Photoshop 中可以通过为普通风景照片添加这种效果，以转换照片的氛围，增添画面不同的环境效果。下面将介绍如何制作这种烟雾缭绕效果，具体操作方法如下：

01 打开素材文件

单击"文件"|"打开"命令，打开"光盘：素材 \09\ 捕鱼 .jpg"，如下图所示。

02 应用"云彩"滤镜

单击"创建新图层"按钮 ，新建"图层1"。设置前景色为黑色，按【Alt+Delete】组合键进行填充。单击"滤镜"|"渲染"|"云彩"命令，如下图所示。

03 应用"动感模糊"滤镜

单击"滤镜"|"模糊"|"动感模糊"命令，在弹出的对话框中设置各项参数，单击"确定"按钮，如下图所示。

04 设置图层混合模式

设置"图层1"的图层混合模式为"滤色"，将云雾的颜色混合到背景图像中，如下图所示。

235

05 添加并编辑蒙版

单击"添加图层蒙版"按钮，为"图层 1"添加蒙版。设置前景色为黑色，选择画笔工具，对蒙版进行编辑操作，如下图所示。

06 复制图层

按【Ctrl+J】组合键复制图层，得到"图层 1 拷贝"。选择画笔工具，对其蒙版进行涂抹，如下图所示。

07 调整曲线

单击"创建新的填充或调整图层"按钮，选择"曲线"选项，在弹出的属性面板中设置各项参数，如下图所示。

08 盖印图层

按【Ctrl+Alt+Shift+E】组合键盖印可见图层，得到"图层 2"，如下图所示。

09 增强画面色调

按【Ctrl+J】组合键盖印可见图层，得到"图层 2 拷贝"，设置其图层混合模式为"柔光"，如下图所示。

10 设置不透明度

设置"图层 2 拷贝"的"不透明度"为 60%，增强画面整体色调，最终效果如下图所示。

9.11 制作个性网点效果

智能滤镜是一种非破坏性的滤镜，它将滤镜效果应用到智能对象上，但不会修改图像的原始数据，还可以随时修改参数或者删除。下面将使用智能滤镜制作个性网点效果，具体操作方法如下：

01 打开素材文件

单击"文件"|"打开"命令，打开"光盘：素材/09/网点.jpg"，如下图所示。

02 转换为智能滤镜

单击"滤镜"|"转换为智能滤镜"命令，在弹出的对话框中单击"确定"按钮。按【Ctrl+J】组合键复制图层，得到"图层0拷贝"，如下图所示。

03 应用"半调图案"滤镜

设置前景色为RGB（5，145，211），背景色为白色。单击"滤镜"|"滤镜库"|"素描"|"半调图案"命令，在弹出的对话框中设置各项参数，单击"确定"按钮，如下图所示。

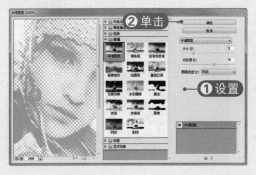

04 查看照片效果

此时可以看到图像呈现出网点效果，如下图所示。

05 锐化图像

单击"滤镜"|"锐化"|"USM锐化"命令，在弹出的对话框中设置各项参数，单击"确定"按钮，如下图所示。

06 设置图层混合模式

此时网点变得更加清晰。将"图层0拷贝"的图层混合模式设置为"正片叠底"，最终效果如下图所示。

9.12 为夜空添加满天繁星

本实例首先新建图层填充暗色，用"添加杂色"滤镜增加一些杂色，然后适当模糊处理，再用色阶控制繁星的密度，最后修改图层混合模式，用蒙版控制繁星显示区域即可为夜空添加满天繁星，具体操作方法如下：

01 打开素材文件

单击"文件"|"打开"命令，打开"光盘：素材 \09\ 繁星 .jpg"，如下图所示。

02 新建并填充图层

单击"创建新图层"按钮，新建"图层1"。设置背景色为黑色，按【Alt+Delete】组合键进行填充，如下图所示。

03 应用"添加杂色"滤镜

单击"滤镜"|"杂色"|"添加杂色"命令，在弹出的对话框中设置各项参数，单击"确定"按钮，如下图所示。

04 应用"高斯模糊"滤镜

单击"滤镜"|"模糊"|"高斯模糊"命令，在弹出的对话框中设置各项参数，单击"确定"按钮，如下图所示。

05 调整色阶

单击"创建新的填充或调整图层"按钮，选择"色阶"选项，在弹出的属性面板中设置各项参数，如下图所示。

06 调整色相/饱和度

单击"创建新的填充或调整图层"按钮，选择"色相/饱和度"选项，在弹出的属性面板中设置各项参数，如下图所示。

07 创建组

选择除"背景"图层外的 3 个图层，单击"创建新组"按钮📁，新建"组 1"，如下图所示。

08 选取图像

隐藏"组 1"，选择套索工具🔲，在月亮和建筑区域创建选区，如下图所示。

09 添加图层蒙版

按住【Alt】键的同时单击"添加图层蒙版"按钮◙，为"组 1"添加图层蒙版，如下图所示。

10 设置图层混合模式

设置"组 1"的图层混合模式为"滤色"，此时即可得到夜空满天繁星效果，如下图所示。

9.13 打造闪电魔法特效

本实例先使用"云彩"滤镜做出底色，再用其他滤镜把底纹转换成一些特殊的线条。把这些线条复制出来，然后用变形工具进行变形处理即可打造闪电魔法特效，具体操作方法如下：

01 打开素材文件

单击"文件"|"打开"命令，打开"光盘：素材 \09\ 闪电 .jpg"，如下图所示。

02 新建并填充图层

单击"创建新图层"按钮🔲，新建"图层 1"。设置背景色为黑色，按【Alt+Delete】组合键进行填充，如下图所示。

03 应用"云彩"滤镜

单击"滤镜"|"渲染"|"云彩"命令，此时得到云彩图像效果，如下图所示。

04 应用"等高线"滤镜

单击"滤镜"|"风格化"|"等高线"命令，在弹出的对话框中设置各项参数，单击"确定"按钮，如下图所示。

05 调出图像选区

按【Ctrl+I】组合键反相图像。打开"通道"面板，按住【Ctrl】键的同时单击 RGB 通道调出选区，如下图所示。

06 删除多余图像

按【Ctrl+Shift+I】组合键反选选区，选择"图层 1"，按【Delete】键删除选区内的图像，按【Ctrl+D】组合键取消选区，如下图所示。

07 添加外发光图层样式

单击"添加图层样式"按钮 fx，选择"外发光"选项，在弹出的对话框中设置各项参数，单击"确定"按钮，如下图所示。

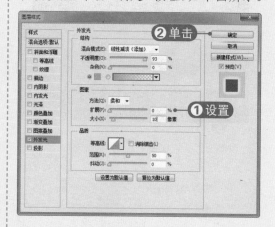

08 复制并隐藏图层

按【Ctrl+J】组合键复制"图层 1"，得到"图层 1 拷贝"，然后将其隐藏，如下图所示。

09 变形图像

选择"图层1",按【Ctrl+T】组合键调出变换框,右击选择"变形"选项,对闪电进行变形操作,如下图所示。

10 添加并编辑图层蒙版

按【Enter】键确认变换操作。单击"添加图层蒙版"按钮 ▣,设置前景色为黑色,选择画笔工具 ☑,对多余的闪电部分进行涂抹,如下图所示。

11 复制图层

按【Ctrl+J】组合键复制"图层1",得到"图层1拷贝2",加强闪电效果,如下图所示。

12 查看最终效果

显示"图层1拷贝"图层,用同样的方法对其变形、复制和添加并编辑蒙版,即可得到最终效果,如下图所示。

9.14 制作水面倒影效果

本实例首先把原始照片高度扩大一倍,并把原始副本照片垂直翻转并对接,然后用模糊滤镜及涂抹工具做出初步的水纹,再用多组滤镜制作出类似水纹纹理并叠加到倒影层即可,具体操作方法如下:

01 打开素材文件

单击"文件"|"打开"命令,打开"光盘:素材/09/倒影.jpg",如右图所示。

02 调整画布大小

单击"图像"|"画布大小"命令，在弹出的对话框中设置各项参数，单击"确定"按钮，如下图所示。

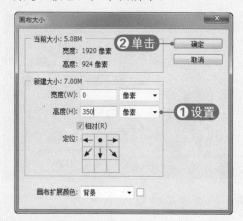

03 删除多余图像

按【Ctrl+J】组合键得到"图层1"。选择矩形选框工具 ，在白色部分创建选区，按【Delete】键删除图像，按【Ctrl+D】组合键取消选区，如下图所示。

04 变换图像

按【Ctrl+T】组合键调出变换框并右击，选择"垂直"命令，双击鼠标确认变换。移动图像到合适的位置，如下图所示。

05 应用"动感模糊"滤镜

单击"滤镜"|"模糊"|"动感模糊"命令，在弹出的对话框中设置参数值，单击"确定"按钮，如下图所示。

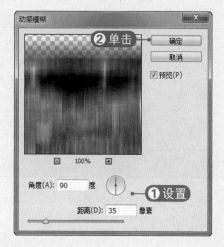

06 调整图像

选择涂抹工具 ，在其属性栏中设置参数值，使倒影产生弯曲效果，如下图所示。

07 创建并填充选区

单击"创建新图层"按钮 ，新建"图层2"。选择矩形选框工具 ，在倒影部分创建选区，然后填充白色，如下图所示。

08 应用"添加杂色"滤镜

单击"滤镜"|"杂色"|"添加杂色"命令，在弹出的对话框中设置各项参数，单击"确定"按钮，如下图所示。

09 应用"动感模糊"滤镜

单击"滤镜"|"模糊"|"动感模糊"命令，在弹出的对话框中设置各项参数，单击"确定"按钮，如下图所示。

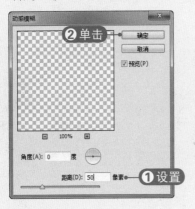

10 调整色阶

单击"图像"|"调整"|"色阶"命令，在弹出的对话框中设置各项参数，单击"确定"按钮，如下图所示。

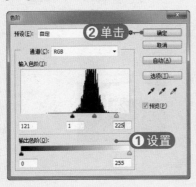

11 设置图层混合模式

设置"图层2"的图层混合模式为"柔光"，"不透明度"为40%，如下图所示。

12 应用"高斯模糊"滤镜

单击"滤镜"|"模糊"|"高斯模糊"命令，在弹出的对话框中设置各项参数，单击"确定"按钮，如下图所示。

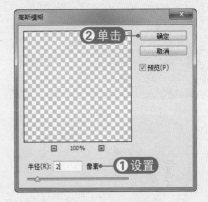

13 复制并设置图层

按【Ctrl+J】组合键得到"图层2拷贝"，按【Ctrl+I】组合键将其反相，设置图层混合模式为"叠加"，如下图所示。

14 移动图像

选择移动工具，将倒影向下略微移动与"图层2"错开，效果如下图所示。

⑮ 绘制渐变色

按【Ctrl+Alt+Shift+E】组合键盖印可见图层，得到"图层3"。选择渐变工具，设置渐变色为黑色到透明色，由下至上进行绘制，如下图所示。

⑯ 设置图层不透明度

设置"图层3"的"不透明度"为50%，即可得到水面倒影的最终效果，如下图所示。

9.15 制作阳光透射效果

本实例使用"径向模糊"滤镜来制作阳光透射效果，制作时先把图片的高光部分选取出来，然后利用模糊滤镜选行适当的模糊处理，然后整体调整亮度及细节即可，具体操作方法如下：

① 打开素材文件

单击"文件"|"打开"命令，打开"光盘：素材\09\巨石.jpg"，如下图所示。

② 选取高光

单击"选择"|"色彩范围"命令，在弹出的对话框中选择"高光"选项，单击"确定"按钮，如下图所示。

03 复制图像

按【Ctrl+J】组合键复制选区内的图像，得到"图层1"，如下图所示。

04 应用"径向模糊"滤镜

单击"滤镜"|"模糊"|"径向模糊"命令，在弹出的对话框中设置各项参数，单击"确定"按钮，如下图所示。

05 重复操作

按【Ctrl+F】组合键再次执行"径向模糊"滤镜，按【Ctrl+J】组合键复制"图层1"，得到"图层1拷贝"，如下图所示。

06 调整色阶

单击"创建新的填充或调整图层"按钮，选择"色阶"选项，在弹出的属性面板中设置各项参数，最终效果如下图所示。

9.16 制作放射背景效果

本实例首先调整照片的整体色彩，大致满意后盖印一个图层，然后添加多种滤镜效果后进行径向模糊，多模糊几次，最后改变图层混合模式，把图像中过亮的区域擦出来即可制作出放射背景效果，具体操作方法如下：

01 打开素材文件

单击"文件"|"打开"命令，打开"光盘：素材\09\放射.jpg"，如右图所示。

02 复制并设置图层

按【Ctrl+J】组合键复制"背景"图层，得到"图层 1"，设置其图层混合模式为"滤色"，"不透明度"为 60%，如下图所示。

03 应用"高斯模糊"滤镜

按【Ctrl+Alt+Shift+E】组合键盖印可见图层，得到"图层 2"。单击"滤镜"|"模糊"|"高斯模糊"命令，在弹出的对话框中设置参数，单击"确定"按钮，如下图所示。

04 设置图层混合模式

设置"图层 2"的图层混合模式为"柔光"，此时图像颜色更加鲜艳，如下图所示。

05 应用"点状化"滤镜

按【Ctrl+Alt+Shift+E】组合键盖印可见图层，得到"图层 3"。单击"滤镜"|"像素化"|"点状化"命令，在弹出的对话框中设置参数，单击"确定"按钮，如下图所示。

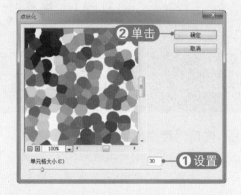

06 应用"径向模糊"滤镜

单击"滤镜"|"模糊"|"径向模糊"命令，在弹出的对话框中设置各项参数，单击"确定"按钮，如下图所示。

07 设置图层混合模式

按【Ctrl+F】组合键加强径向模糊效果，然后设置"图层 3"的图层混合模式为"滤色"，如下图所示。

08 添加并编辑蒙版

单击"添加图层蒙版"按钮 ，为"图层 3"添加图层蒙版。设置前景色为黑色，选择画笔工具 ，对图像中人物和过亮的部分进行涂抹，最终效果如右图所示。

9.17 制作色彩抽丝效果

使用"半调图案"滤镜可以把一幅图像处理成用前景色和背景色组成的带有网板图案的效果，从而使图像具有某种色彩倾向的怀旧感觉，具体操作方法如下：

01 复制图层

打开"光盘：素材 /09/ 网点 .jpg"，按【Ctrl+J】组合键复制"背景"图层，得到"图层 1"，如下图所示。

02 应用"半调图案"滤镜

设置前景色为 RGB（5,116,179），背景色为白色。单击"滤镜"|"滤镜库"|"素描"|"半调图案"命令，在弹出的对话框中设置各项参数，如下图所示。

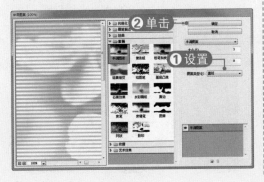

03 应用"镜头校正"滤镜

单击"滤镜"|"镜头校正"命令，在弹出的对话框中单击"自定"选项卡，设置"晕影"中的"数量"为 -100，单击"确定"按钮，如下图所示。

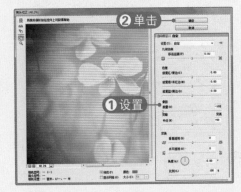

04 渐隐滤镜

单击"编辑"|"渐隐镜头校正"命令，在弹出的对话框中设置各项参数，单击"确定"按钮，最终效果如下图所示。

9.18 制作满身泥巴效果

本实例主要是利用滤镜制作出类似泥巴的效果，然后用选区蒙版等涂成自然效果，方法非常简单、实用，具体操作方法如下：

01 复制图层

打开"光盘：素材/09/泥巴.jpg"，按【Ctrl+J】组合键复制"背景"图层，得到"图层1"，如下图所示。

02 应用图像

单击"图像"|"应用图像"命令，在弹出的对话框中设置各项参数，单击"确定"按钮，如下图所示。

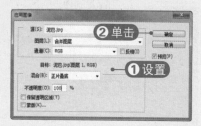

03 调整黑白

单击"图像"|"调整"|"黑白"命令，在弹出的对话框中设置各项参数，单击"确定"按钮，如下图所示。

04 应用"纹理化"滤镜

单击"滤镜"|"滤镜库"命令，在弹出的对话框中选择"纹理"|"纹理化"滤镜，设置各项参数，单击"确定"按钮，如下图所示。

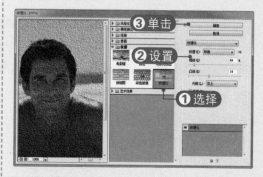

05 新建并图层填充

单击"创建新图层"按钮，新建"图层2"。单击"编辑"|"填充"命令，在弹出的对话框中设置各项参数，单击"确定"按钮，如下图所示。

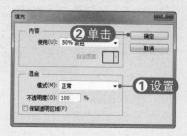

06 应用"云彩"滤镜

设置前景色为黑色，单击"滤镜"|"渲染"|"云彩"命令，效果如下图所示。

07 选取图像

选择魔棒工具 ，设置"容差"为26，取消选择"连续"复选框，在图像上单击创建选区，如下图所示。

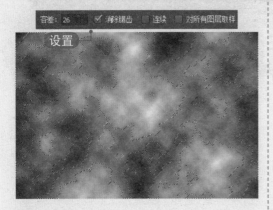

08 删除图像

隐藏"图层2"，将选区移到合适的位置。选择"图层1"，按【Delete】键删除选区内的图像，按【Ctrl+D】组合键取消选区，如下图所示。

09 添加并编辑图层蒙版

单击"添加图层蒙版"按钮 ，设置前景色为黑色，选择画笔工具 ，对多余的泥巴部分进行涂抹，如下图所示。

10 添加投影

单击"添加图层样式"按钮 ，选择"投影"选项，在弹出的对话框中设置各项参数，单击"确定"按钮，如下图所示。

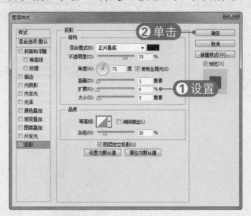

11 设置图层不透明度

设置"图层1"的"不透明度"为90%，效果如下图所示。

12 调整曲线

按【Ctrl+Alt+Shift+E】组合键盖印可见图层，得到"图层3"。单击"创建新的填充或调整图层"按钮 ，选择"曲线"选项，在弹出的属性面板中设置各项参数，最终效果如下图所示。

数码照片艺术化处理

　　对数码照片进行各种艺术化处理，可以使其展现出非同凡响的艺术魅力。本章将详细介绍如何为数码照片添加各种创意艺术效果，制作出各种各样独具个性的照片效果。读者可以大胆尝试，体验数码艺术设计的无穷乐趣。

10.1 打造梦幻艺术效果

　　清新、柔美的色调会给人带来美好的感觉，为了突出普通风景照片美丽的色调效果，可以通过使用"动感模糊"滤镜和"叠加"图层混合模式来增强整体画面的梦幻感，具体操作方法如下：

01 复制图层

　　打开"光盘：素材 \10\ 梦幻 .jpg"，按【Ctrl+J】组合键复制"背景"图层，得到"图层 1"，如下图所示。

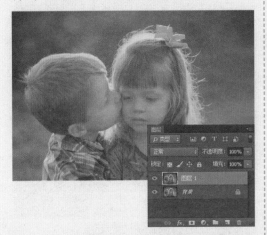

02 应用"动感模糊"滤镜

　　单击"滤镜"|"模糊"|"动感模糊"命令，在弹出的对话框中设置各项参数，单击"确定"按钮，如下图所示。

03 设置图层混合模式

　　将"图层 1"的图层混合模式设置为"叠加"，"不透明度"为 50%，查看图像效果，如下图所示。

04 复制图层

　　选择"背景"图层，按【Ctrl+J】组合键复制图层，得到"背景 拷贝"图层，并将其拖至"图层 1"的上方，如下图所示。

05 动感模糊

　　单击"滤镜"|"模糊"|"动感模糊"命令，在弹出的对话框中设置各项参数，单击"确定"按钮，如下图所示。

06 盖印图层

设置"背景 拷贝"的图层混合模式为"叠加","不透明度"为50%。按【Ctrl+Alt+Shift+E】组合键盖印可见图层,得到"图层2",如下图所示。

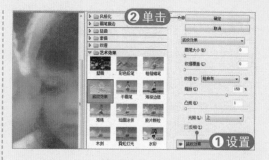

08 设置渐隐效果

单击"编辑"|"渐隐"命令,在弹出的对话框中设置各项参数,单击"确定"按钮,即可得到梦幻艺术照片的最终效果,如下图所示。

07 添加底纹效果

单击"滤镜"|"滤镜库"|"艺术效果"|"底纹效果"命令,在弹出的对话框中设置各项参数,单击"确定"按钮,如下图所示。

10.2 制作颓废老照片效果

本实例制作老照片的方法非常实用,先把图片调成单色图片,局部可以调整明暗,然后多次用滤镜制作一些纹理及划痕叠加到图片上,具体操作方法如下:

01 打开素材文件

单击"文件"|"打开"命令,打开"光盘:素材\10\老照片.jpg",如下图所示。

02 调整画布大小

按住【Alt】键双击"背景"图层,将其解锁。单击"图像"|"画布大小"命令,在弹出的对话框中设置各项参数,单击"确定"按钮,如下图所示。

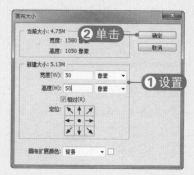

03　新建并填充图层

单击"创建新图层"按钮，新建"图层 1"，将其拖到"图层 0"的下方。设置前景色为 RGB（249，241，229），按【Alt+Delete】组合键进行填充，如下图所示。

04　添加内发光

单击"添加图层样式"按钮，选择"内发光"选项，在弹出的对话框中设置各项参数，单击"确定"按钮，如下图所示。

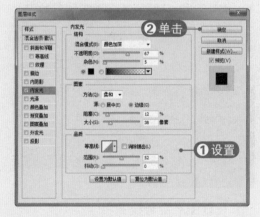

05　查看图像效果

查看添加图层样式后的效果，选择"图层 0"，如下图所示。

06　应用"添加杂色"滤镜

单击"滤镜"|"杂色"|"添加杂色"命令，在弹出的对话框中设置各项参数，单击"确定"按钮，如下图所示。

07　调整色相 / 饱和度

单击"创建新的填充或调整图层"按钮，选择"色相 / 饱和度"选项，在弹出的属性面板中设置各项参数，如下图所示。

08　调整曝光度

单击"创建新的填充或调整图层"按钮，选择"曝光度"选项，在弹出的属性面板中设置各项参数，如下图所示。

⑨ 增加亮度

设置前景色为黑色，选择画笔工具 ，按【F5】键打开"画笔"面板，设置各项参数，在画面中需要曝光的地方涂抹，如下图所示。

⑩ 应用"添加杂色"滤镜

单击"创建新图层"按钮 ，新建"图层2"，并填充为白色。单击"滤镜"|"杂色"|"添加杂色"命令，在弹出的对话框中设置参数，单击"确定"按钮，如下图所示。

⑪ 删除多余图像

选择魔棒工具 ，在属性栏中设置"容差"为30，在图像上单击创建选区。按【Delete】键删除选区内的图像，按【Ctrl+D】组合键取消选区，如下图所示。

⑫ 设置图层混合模式

设置"图层2"的图层混合模式为"叠加"，"不透明度"为36%，使图像变得像旧照片污点斑斑的效果，如下图所示。

⑬ 绘制图像

单击"创建新图层"按钮 ，新建"图层3"。设置前景色为白色，选择画笔工具 ，设置"硬度"为100%，"大小"为1像素，在画面中随便画几条线，如下图所示。

⑭ 设置图层混合模式

设置"图层3"的图层混合模式为"叠加"，"不透明度"为60%，为照片添加划痕效果，如下图所示。

⑮ **应用"颗粒"滤镜**

　　单击"创建新图层"按钮🔲，新建"图层4"。设置前景色为RGB（217，195，169），按【Alt+Delete】组合键进行填充。单击"滤镜"|"滤镜库"命令，在弹出的对话框中选择"纹理"|"颗粒"滤镜，设置参数，单击"确定"按钮，如下图所示。

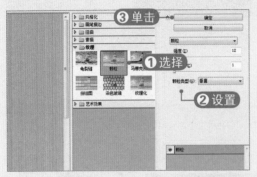

⑯ **设置图层混合模式**

　　设置"图层4"的图层混合模式为"柔光"，"不透明度"为45%，即可得到颓废老照片的最终效果，如下图所示。

10.3　制作硬笔速写效果

　　传统的硬笔速写画是需要下很多功夫才能练好的，在 Photoshop 中只要经过几步操作就能轻松制作出硬笔 速写效果，具体操作方法如下：。

⑴ **复制图层**

　　打开"光盘：素材\10\速写效果.jpg"，按【Ctrl+J】组合键复制"背景"图层，得到"图层1"，如下图所示。

⑵ **应用"特殊模糊"滤镜**

　　单击"滤镜"|"模糊"|"特殊模糊"命令，在弹出的对话框中设置各项参数，单击"确定"按钮，如下图所示。

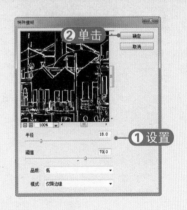

⑶ **查看照片效果**

　　此时即可看到照片中已经有了轮廓线条的特殊效果，如下图所示。

04 照片反相

按【Ctrl+I】组合键将照片反相，即可得到黑色的线条。单击"创建新图层"按钮■，新建"图层 2"，如下图所示。

06 设置图层混合模式

设置"图层 2"的图层混合模式为"变暗"，即可得到硬笔速写的最终效果，如下图所示。

05 填充图层

设置前景色为 RGB（243，255，226），按【Alt+Delete】组合键填充"图层 2"，如下图所示。

10.4 制作逼真油画效果

使用 Photoshop 中的"油画"滤镜可以使普通的数码照片快速呈现出油画效果。通过控制画笔的样式以及光线的方向和亮度，可以产生更加出色的效果。下面将介绍如何制作逼真的油画效果，具体操作方法如下：

01 打开素材文件

单击"文件"|"打开"命令，打开"光盘：素材 \ 10\ 油画 .jpg"，如下图所示。

02 调整色相 / 饱和度

单击"创建新的填充或调整图层"按钮■，选择"色相 / 饱和度"选项，在弹出的面板中设置各项参数，如下图所示。

03 调整亮度/对比度

单击"创建新的填充或调整图层"按钮 ◢，选择"亮度/对比度"选项，在弹出的面板中设置各项参数，如下图所示。

04 盖印图层

此时即可看到照片的饱和度得到增强，画面变得很鲜艳。按【Ctrl+Shift+Alt+E】组合键盖印可见图层，得到"图层1"，如下图所示。

05 应用"油画"滤镜

单击"滤镜"|"油画"命令，在弹出的对话框中设置各项参数，单击"确定"按钮，如下图所示。

06 查看最终效果

此时即可得到最终逼真、动人的油画效果，如下图所示。

10.5 制作屏幕点阵效果

下面将使用 Photoshop 制作一种"大屏幕"效果，就像是在屏幕上看到的画面那样，具体操作方法如下：

01 复制图层

打开"光盘：素材\10\伙伴.jpg"，按【Ctrl+J】组合键复制"背景"图层，得到"图层1"，如下图所示。

02 应用"马赛克"滤镜

单击"滤镜"|"像素化"|"马赛克"命令，在弹出的对话框中设置单元格大小，单击"确定"按钮，如下图所示。

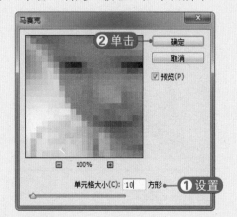

03 新建文档

单击"文件"|"新建"命令，在弹出的对话框中设置各项参数，单击"确定"按钮，如下图所示。

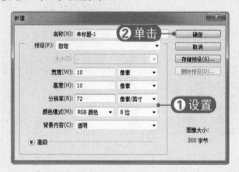

04 创建并填充选区

选择缩放工具，将图像放大。选择椭圆选框工具，按住【Shift】键创建圆形选区。设置前景色为白色，按【Alt+Delete】组合键填充选区，按【Ctrl+D】组合键取消选区，如下图所示。

05 定义图案

单击"编辑"|"图案名称"命令，在弹出的对话框中设置"名称"为"图案1"，单击"确定"按钮，如下图所示。

06 新建并涂抹图层

单击"创建新图层"按钮，新建"图层2"。选择图案图章工具，设置图案为"图案1"，在图像上进行涂抹，如下图所示。

07 新建图层

单击"创建新图层"按钮，新建"图层3"。按住【Ctrl】键的同时单击"图层2"的图层缩览图，调出选区，按【Ctrl+Shift+I】组合键反选选区，如下图所示。

08 填充选区

设置前景色为黑色，按【Alt+Delete】组合键填充选区，按【Ctrl+D】组合键取消选区，隐藏"图层2"，如下图所示。

⑩ 查看最终效果

此时即可得到为照片添加点阵大屏幕效果后的最终效果，如下图所示。

⑨ 色调分离

选择"图层1"，单击"图像"|"调整"|"色调分离"命令，在弹出的对话框中设置"色阶"值，单击"确定"按钮，如下图所示。

知识加油站

在拍摄人像照片时，借用大面积的自然元素可以表现出画面的亲和力。例如，利用光线穿透树林的环境作为拍摄背景，以便在虚化背景时形成斑斓的光晕，从而表现画面清新、舒爽的氛围，并突出人物的健康和活力。

10.6 制作钢笔淡彩效果

钢笔淡彩是 Photoshop 特效之一，它是在数码照片制作成钢笔线条的底稿上，和谐地运用色彩来表现物体的立体感、空间层次感，从而充分营造出画面的氛围，具体操作方法如下：

① 打开素材文件

单击"文件"|"打开"命令，打开"光盘：素材 \10\ 淡彩 .jpg"，如下图所示。

② 调整照片亮度

单击"图像"|"调整"|"曲线"命令，在弹出的对话框中将曲线向上调整，将照片提亮，单击"确定"按钮，如下图所示。

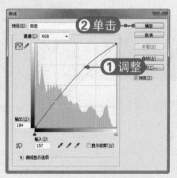

03 查看调整效果

此时照片的亮度有所提高,画面中间色调很好地表现了出来,如下图所示。

04 调整色相/饱和度

单击"图像"|"调整"|"色相/饱和度"命令,在弹出的对话框中设置色相和饱和度参数,单击"确定"按钮,如下图所示。

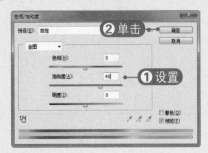

05 复制图层

此时图像色彩变得很鲜艳,按【Ctrl+J】组合键复制"背景"图层,即可得到"图层 1",如下图所示。

06 应用"特殊模糊"滤镜

单击"滤镜"|"模糊"|"特殊模糊"命令,在弹出的对话框中设置各项参数,单击"确定"按钮,如下图所示。

07 查看图像效果

此时可以看到画面中已经有了一些轮廓的线条,效果如下图所示。

08 反相图像

按【Ctrl+I】组合键将图像反相,即可得到黑色的线条,如下图所示。

09 复制图层

选择"背景"图层,按【Ctrl+J】组合键得到"背景 拷贝"图层,并将其拖到所有图层的上方,如下图所示。

⑩　应用"特殊模糊"滤镜

单击"滤镜"|"模糊"|"特殊模糊"命令，在弹出的对话框中设置各项参数，单击"确定"按钮，如下图所示。

⑪　查看照片效果

此时即可查看应用"特殊模糊"滤镜后的照片效果，如下图所示。

⑫　应用"水彩"滤镜

单击"滤镜"|"滤镜库"|"艺术效果"|"水彩"命令，在弹出的对话框中设置"画笔细节"为3，"阴影强度"为0，"纹理"为1，单击"确定"按钮，如下图所示。

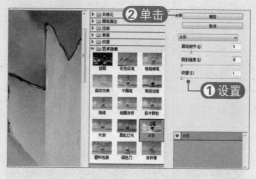

⑬　查看照片效果

此时即可查看应用"艺术效果"滤镜后的照片效果，如下图所示。

⑭　渐隐水彩

单击"编辑"|"渐隐"命令，在弹出的对话框中设置各项参数，单击"确定"按钮，如下图所示。

⑮　盖印图层

设置"背景 拷贝"的图层混合模式为"正片叠底"，"不透明度"为85%。按【Ctrl+Shift+Alt+E】组合键盖印所有图层，得到"图层 2"，如下图所示。

16 应用"高斯模糊"滤镜

单击"滤镜"|"模糊"|"高斯模糊"命令，在弹出的对话框中设置"半径"为9像素，单击"确定"按钮，如下图所示。

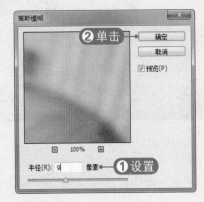

17 设置图层混合模式

将"图层2"的图层混合模式设置为"叠加"，加强画面效果，如下图所示。

18 调整阴影

单击"图像"|"调整"|"阴影/高光"命令，在弹出的对话框中设置"阴影"为100%，单击"确定"按钮，如下图所示。

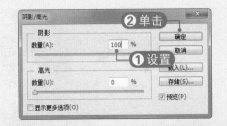

19 盖印图层

此时可以看到画面阴影处得到了改善。按【Ctrl+Shift+Alt+E】组合键盖印所有图层，得到"图层3"，如下图所示。

20 设置图层混合模式

设置"图层3"的图层混合模式为"颜色减淡"，"不透明度"为8%，即可得到最终效果，如下图所示。

10.7 将风景照片转为矢量插画

"木刻"滤镜用来制作矢量效果是非常不错的，操作也很简单，只有三个选项，分别用来控制色阶、边缘及细节等。下面将介绍如何使用"木刻"滤镜将风景照片转为矢量插画，具体操作方法如下：

01 打开素材文件

单击"文件"|"打开"命令，打开"光盘：素材 \10\ 汽车 .jpg"，如下图所示。

02 创建选区

选择快速选择工具，拖动鼠标在天空部分创建选区，如下图所示。

03 调出选区

按【Ctrl+J】组合键复制选区内的图像，然后按住【Ctrl】的同时单击"图层 1"的图层缩览图，调出选区，如下图所示。

04 复制选区内的图像

按【Ctrl+Shift+I】组合键反选选区，

选择"背景"图层，按【Ctrl+J】组合键复制选区内的图像，得到"图层 2"，如下图所示。

05 绘制路径

选择钢笔工具，在汽车部分绘制路径，按【Ctrl+Enter】组合键将路径转换为选区，如下图所示。

06 剪切并粘贴图像

按【Ctrl+X】组合键剪切选区内的图像，按【Ctrl+V】组合键粘贴图像，并调整图像位置，如下图所示。

07 应用"木刻"滤镜

选择"图层 1",单击"滤镜"|"滤镜库"命令,在弹出的对话框中选择"艺术滤镜"|"木刻"滤镜,设置各项参数,单击"确定"按钮,如下图所示。

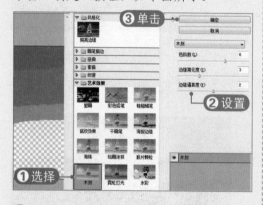

08 应用"木刻"滤镜

选择"图层 2",单击"滤镜"|"滤镜库"命令,在弹出的对话框中选择"艺术滤镜"|"木刻"滤镜,设置各项参数,单击"确定"按钮,如下图所示。

09 应用"木刻"滤镜

选择"图层 3",单击"滤镜"|"滤镜库"命令,在弹出的对话框中选择"艺术滤镜"|"木刻"滤镜,设置各项参数,单击"确定"按钮,如下图所示。

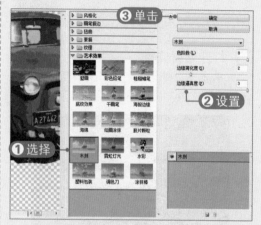

10 查看最终效果

此时即可查看将风景照片转为矢量插画的最终效果,如下图所示。

10.8 制作素描线稿画效果

素描线稿画是一种常见的艺术表现方式,它以粗略的线条来表现出绘画对象最有特点的地方。下面就使用 Photoshop 将一张真人照片制作成素描线稿画效果。

01 复制图层

打开"光盘:素材 \10\ 小女孩 .jpg",按【Ctrl+J】组合键复制"背景"图层,得到"图层 1",如右图所示。

02 调整通道混和器

单击"创建新的填充或调整图层"按钮○，选择"通道混和器"选项，在弹出的面板中设置各项参数，如下图所示。

03 添加图层样式

选择"图层1"，按【Ctrl+I】组合键将图像反相。单击"添加图层样式"下拉按钮*fx*，选择"混合选项"，查看照片效果，如下图所示。

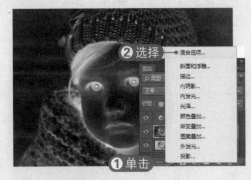

04 混合图像

按住【Alt】键的同时拖动"下一图层"下的滑块，调整滑块的位置，使下面的图层和本图层进行融合，单击"确定"按钮，如下图所示。

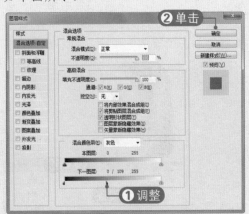

05 查看照片效果

此时可以看到照片中的人物细节变得更加丰富，如下图所示。

06 设置图层混合模式

设置"图层1"的图层混合模式为"颜色减淡"，查看照片效果，如下图所示。

07 应用"最小值"滤镜

单击"滤镜"|"其他"|"最小值"命令，在弹出的对话框中设置"半径"为5像素，单击"确定"按钮，如下图所示。

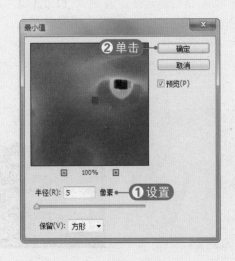

08 查看最终效果

　　此时照片的线条变得柔和起来，查看最终效果，如右图所示。

10.9 制作时尚插画效果

　　本实例将介绍最为流行的时尚插画效果的设计方法。在制作过程中经常用一些喷溅及高光元素装饰人物来表现画面的动感和艺术感，再配上独特的色调，使整个画面显得更有个性，具体操作方法如下：

01 打开素材文件

　　单击"文件"|"打开"命令，打开"光盘：素材\10\插画.jpg"，如下图所示。

02 选取并复制图像

　　选择快速选择工具▨，在人物身上拖动鼠标创建选区。按两次【Ctrl+J】组合键，复制选区内的图像，得到"图层1"和"图层1拷贝"，如下图所示。

03 图像去色

　　单击"图像"|"调整"|"去色"命令，将"图层1拷贝"中的图像去色，如下图所示。

04 色调分离

　　按【Ctrl+J】组合键复制图层，得到"图层1拷贝2"，然后将其隐藏。选择"图层1拷贝"，单击"图像"|"调整"|"色调分离"命令，在弹出的对话框中设置参数，单击"确定"按钮，如下图所示。

⑤ 应用"中间值"滤镜

单击"滤镜"|"杂色"|"中间值"命令，在弹出的对话框中设置"半径"为1像素，单击"确定"按钮，如下图所示。

⑥ 调整曲线

按【Ctrl+M】组合键，弹出"曲线"对话框，向上调整曲线，提高图像亮度，单击"确定"按钮，如下图所示。

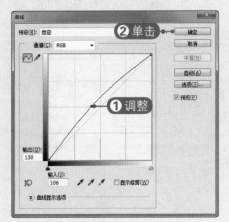

⑦ 查看图像效果

此时图像中的亮度得到了一定程度的提高，如下图所示。

⑧ 调整阈值

将"图层1拷贝2"显示，并选择该图层。单击"图像"|"调整"|"阈值"命令，在弹出的对话框中设置参数，单击"确定"按钮，如下图所示。

⑨ 应用"中间值"滤镜

单击"滤镜"|"杂色"|"中间值"命令，在弹出的对话框中设置"半径"为1像素，单击"确定"按钮，如下图所示。

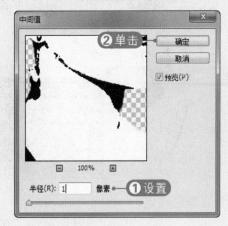

⑩ 设置图层混合模式

将"图层1副本2"的图层混合模式设置为"正片叠底"，加深画面效果，如下图所示。

⑪ **设置图层混合模式**

将"图层 1"拖到所有图层的最上方，设置其图层混合模式为"强光"、"不透明度"为 60%，如下图所示。

⑫ **新建图层**

按住【Ctrl】键的同时单击"图层 1"缩览图，载入选区，然后单击"创建新图层"按钮🔲，新建"图层 2"，如下图所示。

⑬ **为选区描边**

单击"编辑"|"描边"命令，弹出"描边"对话框，设置"宽度"为 12 像素，"颜色"为白色，"位置"为"居外"，单击"确定"按钮，如下图所示。

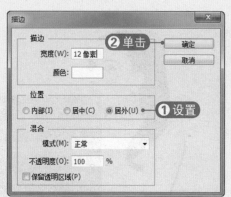

⑭ **打开素材文件**

按【Ctrl+D】组合键取消选区，打开"光盘：素材 \10\ 炫彩背景 .jpg"，如下图所示。

⑮ **色调分离**

单击"图像"|"调整"|"色调分离"命令，在弹出的对话框中设置"色阶"为 5，单击"确定"按钮，如下图所示。

⑯ **应用"中间值"滤镜**

单击"滤镜"|"杂色"|"中间值"命令，在弹出的对话框中设置"半径"为 2 像素，单击"确定"按钮，如下图所示。

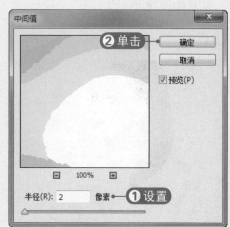

⑰ **移动图层**

　　将背景图像拖入前面编辑的人物图像中，并拖至"背景"图层的上方，如下图所示。

⑱ **变换图像**

　　按【Ctrl+T】组合键调出变换控制框，调整图像的大小，然后双击鼠标左键确认变换操作，即可得到最终效果，如下图所示。

10.10　制作工笔画效果

　　工笔画是以精致、细腻的笔法描绘景物的中国画表现方式。在 Photoshop 中制作工笔画效果需要多次利用"高反差保留"和"最小值"滤镜做出黑白的线条画，然后进行上色，具体操作方法如下：

① **复制图层**

　　打开"光盘：素材 \10\ 工笔画 .jpg"，按【Ctrl+J】组合键复制"背景"图层，得到"图层 1"，如下图所示。

② **图像去色**

　　单击"图像"|"调整"|"去色"命令，为"图层 1"中的图像去色，如下图所示。

③ **反相照片**

　　按【Ctrl+J】组合键复制"图层 1"，得到"图层 1 拷贝"。按【Ctrl+I】组合键，将照片反相，如下图所示。

04 设置图层混合模式

将"图层1拷贝"的图层混合模式设置为"颜色减淡",此时照片中只剩下一少部分图像,如下图所示。

05 应用"最小值"滤镜

单击"滤镜"|"其他"|"最小值"命令,在弹出的对话框中设置"半径"为1像素,单击"确定"按钮,如下图所示。

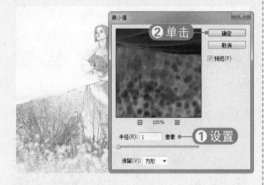

06 设置混合选项

单击"添加图层样式"按钮 fx,选择"混合选项"。按住【Alt】键的同时拖动"下一图层"下的滑块,使下面的图层和本图层进行融合,单击"确定"按钮,如下图所示。

07 查看照片效果

此时可以看到照片中的人物细节更加丰富,如下图所示。

08 盖印并设置图层

按【Ctrl+Shift+Alt+E】组合键盖印所有图层,得到"图层2",将其图层混合模式设置为"线性加深",如下图所示。

09 应用"高斯模糊"滤镜

单击"滤镜"|"模糊"|"高斯模糊"命令,在弹出的对话框中设置"半径"为8像素,单击"确定"按钮,如下图所示。

⑩ **复制并调整图层位置**

选择"背景"图层，按【Ctrl+J】组合键得到"背景 拷贝"图层，将其拖至所有图层的上方，并设置其图层混合模式为"颜色"，如下图所示。

⑪ **复制并调整图层位置**

选择"背景"图层，按【Ctrl+J】组合键得到"背景 拷贝 2"图层，将其拖至到所有图层的上方，如下图所示。

⑫ **添加图层蒙版**

按住【Alt】键的同时单击"添加图层蒙版"按钮，为"背景 拷贝 2"添加图层蒙版，如下图所示。

⑬ **编辑图层蒙版**

设置前景色为白色，选择画笔工具，设置"不透明度"为20%，对人物的皮肤和背景进行涂抹，如下图所示。

⑭ **调整色相 / 饱和度**

单击"创建新的填充或调整图层"按钮，选择"色相 / 饱和度"选项，在弹出的调整面板中设置各项参数，如下图所示。

⑮ **盖印所有图层**

此时即可看到照片的饱和度降低，有了一种素雅的感觉。按【Ctrl+Shift+Alt+E】组合键盖印所有图层，得到"图层3"，如下图所示。

⑯ **应用"高反差保留"滤镜**

　　单击"滤镜"|"其他"|"高反差保留"命令,在弹出的对话框中设置"半径"为 1 像素,单击"确定"按钮,如下图所示。

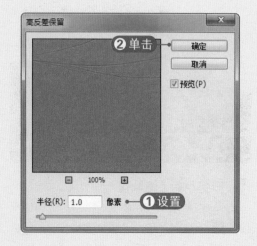

⑰ **设置图层混合模式**

　　将"图层 3"的图层混合模式设置为"叠加",如下图所示。

⑱ **调整色彩平衡**

　　单击"创建新的填充或调整图层"按钮■,选择"色彩平衡"选项,在弹出的面板中设置参数,即可得到最终效果,如下图所示。

10.11　制作江南水墨画效果

　　水墨画是中国画的一种,具有单纯性、象征性和自然性三种特征,讲究神韵生动,不拘泥于物体的外观相似,而以抒发主观情趣为主,追求"似与不似"的感觉。使用照片制作的水墨画效果与传统水墨画效果略有不同,稍微带有一些色彩,但饱和度都很低。下面制作江南水墨画效果,具体操作方法如下:

① **打开素材文件**

　　单击"文件"|"打开"命令,打开"光盘:素材 \10\ 江南 .jpg",如下图所示。

② **调整曲线**

　　单击"创建新的填充或调整图层"按钮■,选择"曲线"选项,在弹出的属性面板中设置各项参数,如下图所示。

03 调整色阶

单击"创建新的填充或调整图层"按钮 ◯，选择"色阶"选项，在弹出的属性面板中设置各项参数，如下图所示。

04 图像去色

按【Ctrl+Alt+Shift+E】组合键盖印可见图层，得到"图层 1"。单击"图像"|"调整"|"去色"命令，将图像颜色去掉，如下图所示。

05 反相图像

按【Ctrl+J】组合键复制"图层 1"，得到"图层 1 拷贝"。按【Ctrl+I】组合键将图像反相，设置其图层混合模式为"颜色减淡"，如下图所示。

06 应用"最小值"滤镜

单击"滤镜"|"其他"|"最小值"命令，在弹出的对话框中设置各项参数，单击"确定"按钮，如下图所示。

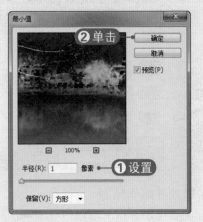

07 合并图层

按【Ctrl+E】组合键向下合并图层，将"图层 1"的"不透明度"设置为60%，如下图所示。

08 复制图层

按【Ctrl+Alt+Shift+E】组合键盖印可见图层，得到"图层 2"。按【Ctrl+J】组合键复制图层，得到"图层 2 拷贝"，如下图所示。

09 应用"木刻"滤镜

单击"滤镜"|"滤镜库"|"艺术效果"|"木刻"命令，在弹出的对话框中设置参数，单击"确定"按钮，如下图所示。

10 添加并编辑蒙版

单击"添加图层蒙版"按钮，设置前景色为黑色，选择画笔工具，在其属性栏中设置"不透明度"为30%，对画面中需要清晰的地方进行涂抹，如下图所示。

11 复制并设置图层

按【Ctrl+Alt+Shift+E】组合键盖印可见图层，得到"图层3"。按【Ctrl+J】组合键复制图层，得到"图层3拷贝"，设置其图层混合模式为"正片叠底"，如下图所示。

12 复制并设置图层

按【Ctrl+J】组合键复制图层，得到"图层3拷贝2"，设置其图层混合模式为"柔光"。再次按【Ctrl+J】组合键复制图层，得到"图层3拷贝3"，如下图所示。

13 盖印可见图层

按【Ctrl+Alt+Shift+E】组合键盖印可见图层，得到"图层4"。选择涂抹工具，把一些色块和线条涂成笔触状，如下图所示。

14 调整细节

选择加深工具和减淡工具，对图像的暗部和亮部进行涂抹处理，加大颜色对比，如下图所示。

⑮ 设置图层混合模式

按【Ctrl+J】组合键复制图层，得到"图层4拷贝"，设置其图层混合模式为"正片叠底"，"不透明度"为30%，制作出水墨画的浓淡墨色效果，如下图所示。

⑯ 调整可选颜色

单击"创建新的填充或调整图层"按钮，选择"可选颜色"选项，在弹出的属性面板中设置各项参数，最终效果如下图所示。

 知识加油站

应用"反相"命令时，会将图像各通道中每个像素的亮度值转换为与256级颜色值中对应的相反值。应用该命令于彩色图像，将转换图像颜色为相应的补色。

10.12 制作彩色铅笔画效果

要制作彩色铅笔画效果，首先要查找照片主体的轮廓线条，然后利用图层样式和模糊滤镜模拟出彩色铅笔柔和的渲染效果，最后添加"纹理化"滤镜，使画面显得更加逼真，具体操作方法如下：

① 复制图层

打开"光盘：素材\10\微笑.jpg"，按【Ctrl+J】组合键复制"背景"图层，得到"图层1"，如下图所示。

② 应用"高斯模糊"滤镜

单击"滤镜"|"模糊"|"高斯模糊"命令，在弹出的对话框中设置"半径"为4像素，单击"确定"按钮，如下图所示。

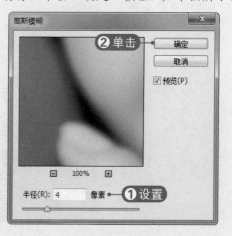

03 复制图层

选择"背景"图层，按【Ctrl+J】组合键得到"背景 拷贝"图层，并将其拖至所有图层的上方，如下图所示。

04 应用"高反差保留"滤镜

单击"滤镜"|"其他"|"高反差保留"命令，在弹出的对话框中设置"半径"为1像素，单击"确定"按钮，如下图所示。

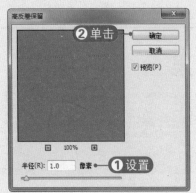

05 调整阈值

单击"创建新的填充或调整图层"按钮，选择"阈值"选项，在弹出的调整面板中设置各项参数，如下图所示。

06 盖印图层

选择"阈值1"和"背景 拷贝"图层，按【Ctrl+Alt+E】组合键盖印图层，得到"阈值1（合并）"图层，如下图所示。

07 设置图层混合模式

隐藏"阈值1"和"背景拷贝"图层，设置"阈值1（合并）"图层的图层混合模式为"叠加"，"不透明度"为70%，如下图所示。

08 应用"方框模糊"滤镜

单击"滤镜"|"模糊"|"方框模糊"命令，在弹出的对话框中设置"半径"为1像素，单击"确定"按钮，如下图所示。

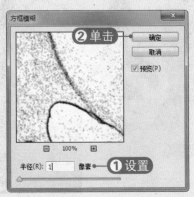

09 查看图像效果

此时即可查看应用"方框模糊"滤镜后的效果，可以看到画面线条变得很柔和，如下图所示。

10 新建并填充图层

单击"创建新图层"按钮，新建"图层2"。设置背景色为 RGB（128，128，128），按【Ctrl+Delete】组合键填充图层，如下图所示。

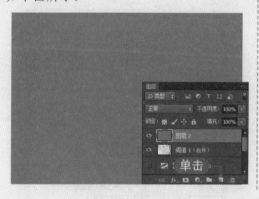

11 应用"纹理化"滤镜

单击"滤镜"|"滤镜库"|"纹理"|"纹理化"命令，在弹出的对话框中设置"缩放"为 100%，"凸现"为 4，单击"确定"按钮，如下图所示。

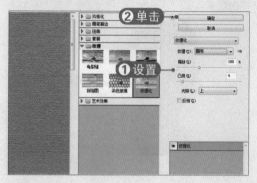

12 修改图层混合模式

设置"图层 2"的图层混合模式为"强光"，"不透明度"为 80%，即可得到最终效果，如下图所示。

10.13　制作搞笑漫画头像效果

传统的速写画是需要下很多功夫才能练好的，在 Photoshop 中可以轻松制作出这种效果。下面以制作搞笑漫画头像效果为例，具体操作方法如下：

01 复制图层

打开"光盘：素材 \10\ 漫画 .jpg"，按【Ctrl+J】组合键复制"背景"图层，得到"图层 1"，如右图所示。

02 复制图像

选择快速选择工具，在人物上拖动鼠标绘制选区，按【Ctrl+J】组合键复制选区内的图像，得到"图层 2"，如下图所示。

03 调整人物头部

单击"滤镜"|"液化"命令，弹出"液化"对话框，将图像放大，选择向前变形工具，调整人物头部，如下图所示。

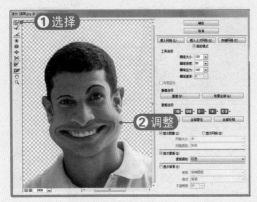

04 冻结人物头部

选择冻结蒙版工具，在人物头部涂抹将其冻结，如下图所示。

05 调整人物身体

选择向前变形工具，调整人物的身体，单击"确定"按钮，如下图所示。

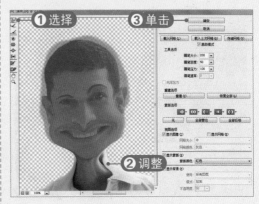

06 应用"高斯模糊"滤镜

选择"图层 1"，单击"滤镜"|"模糊"|"高斯模糊"命令，在弹出的对话框中设置各项参数，单击"确定"按钮，如下图所示。

07 查看图像效果

此时即可查看背景模糊后的效果，如下图所示。

08 修复图像

选择图章工具🏷️，在多余的人物部分进行涂抹，按【Ctrl】键的同时选择"图层2"，按【Ctrl+E】组合键合并图层，如下图所示。

09 处理细节

选择涂抹工具✍️，涂抹皮肤以及明暗部分，让人物更接近于绘制效果。按【Ctrl+J】组合键复制图层，得到"图层2拷贝"，如下图所示。

10 应用"绘画涂抹"滤镜

单击"滤镜"|"滤镜库"命令，在弹出的对话框中选择"艺术效果"|"绘画涂抹"滤镜，设置各项参数，单击"确定"按钮，如下图所示。

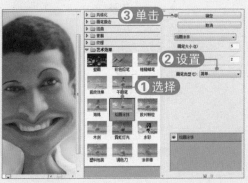

11 新建图层

查看应用"绘画涂抹"滤镜后的图像效果。单击"创建新图层"按钮🔲，新建"图层3"，如下图所示。

12 绘制渐变色

选择渐变工具▭，设置渐变色为RGB（255，198，0）到透明色，单击"径向渐变"按钮▭，绘制渐变色，如下图所示。

13 盖印图层

设置"图层4"的图层混合模式为"叠加"，按【Ctrl+Alt+Shift】组合键盖印可见图层，得到"图层4"，如下图所示。

14 应用"纹理化"滤镜

单击"滤镜"|"滤镜库"命令，在

弹出的对话框中选择"纹理"|"纹理化"滤镜，设置各项参数，单击"确定"按钮，如下图所示。

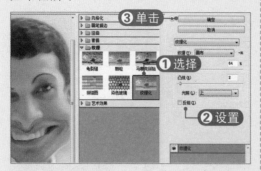

⑮ 调整曲线

单击"图像"|"调整"|"曲线"命令，在弹出的对话框中设置各项参数，单击"确定"按钮，如下图所示。

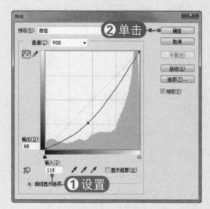

⑯ 查看最终效果

此时即可得到将普通照片转为漫画头像的最终效果，如下图所示。

知识加油站

在相机镜头上安装相应的滤镜，可使拍摄出的人像照片色调更自然，细节也更清晰。适用于人像摄影的滤镜主要有三种，即 UV 镜、天光镜和偏振镜。UV 镜主要用于过滤掉环境中的紫外线，有助于提高画面清晰度和还原色调；天光镜能吸收环境中的部分紫外线及蓝光和绿光，起到平衡色彩的作用；偏振镜可消除环境中的偏振光，若在海边或高原使用这种滤镜，可有效压暗天空并提高画面颜色饱和度，增强人像照片艺术感。

数码照片的抠图与创意合成

抠图与合成在数码照片后期制作中经常用到，这也是检验设计人员水平的重要方面。本章将详细介绍数码照片的各种抠图与合成技术，通过对本章的学习，读者可以熟练掌握数码照片抠图与合成技法。

11.1 快速抠取图像

抠图是数码照片处理中最常用的技法之一，就是将照片中需要的部分从图像中精确地提取出来。下面将详细介绍在 Photoshop 中进行简便、快速、高效抠图的方法与技巧。

11.1.1 使用"黑白"命令抠取动物毛发

抠取动物的毛发会让很多初学者大伤脑筋，其实利用"黑白"命令调整图层调节洋红、红色和蓝色滑块，强化照片的黑白对比，即可轻松精确地抠取图像，具体操作方法如下：

01 打开素材文件

单击"文件"|"打开"命令，打开"光盘：素材 \11\ 萨摩 .jpg"，如下图所示。

02 调整黑白

单击"创建新的填充或调整图层"按钮◑，选择"黑白"选项，在弹出的面板中设置调整参数，如下图所示。

03 调整色阶

单击"创建新的填充或调整图层"按钮◑，选择"色阶"选项，在弹出的面板中设置各项参数，再次强化图像的黑白对比，如下图所示。

04 盖印图层

按【Ctrl+Shift+Alt+E】组合键盖印图层，得到"图层 1"。选择减淡工具◉，设置"曝光度"为 30%，在小狗身上进行涂抹，如下图所示。

05 反相图像

按【Ctrl+I】组合键反相图像，继续用减淡工具对背景涂抹，直到背景变为白色为止，如下图所示。

06 涂抹图像

选择画笔工具 ✎，设置前景色为黑色，选择硬边画笔，设置"不透明度"为100%，适当调整画笔大小，避开毛发边缘对小狗进行涂抹，如下图所示。

07 应用"USM 锐化"滤镜

单击"滤镜"|"锐化"|"USM 锐化"命令，在弹出的对话框中设置各项参数，单击"确定"按钮，如下图所示。

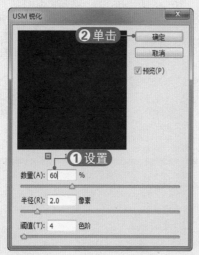

08 创建选区

按【Ctrl+Alt+2】组合键调出高光选

区，按【Ctrl+Shift+I】组合键进行反选，如下图所示。

09 复制图像

选择"背景"图层，按【Ctrl+J】组合键复制选区内的图像，得到"图层 2"。隐藏除"图层 2"之外的其他图层，如下图所示。

10 填充图层

单击"创建新图层"按钮 🔲，新建"图层 3"，并将其拖至"图层 2"下方。设置前景色为 RGB（181，7，183），按【Alt+Delete】组合键进行填充，即可查看最终抠出的图像效果，如下图所示。

11.1.2 使用背景橡皮擦工具轻松抠图

使用背景橡皮擦工具可以擦除图像中的像素，多用于针对背景颜色单一的图像进行抠图。当背景图层锁定时，擦除的是背景色；如果是一般图层，擦除的是透明色。使用背景橡皮擦工具进行抠图的具体操作方法如下：

01 打开素材文件

单击"文件"|"打开"命令，打开"光盘：素材 \11\ 小花 .jpg"，如下图所示。

02 设置工具选项

选择背景橡皮擦工具，在属性栏中设置"画笔大小"为400，"容差"为30%，沿着花朵边缘拖动橡皮擦工具，背景即被擦除，如下图所示。

03 擦除背景

十字光标就是取样的定位点，当确定取样颜色后，与该颜色容差相近的颜色都会被擦除，"背景"图层也自动转换为"图层0"，如下图所示。

04 填充图层

单击"创建新图层"按钮，新建"图层1"，并将其拖至"图层0"下方。设置前景色为 RGB（160，221，253），按【Alt+Delete】组合键进行填充，如下图所示。

11.1.3 快速抠出透明矿泉水瓶

透明的物体抠图相对要麻烦一点，我们可以直接提取图片的高光选区，添加蒙版，在蒙版上去除不需要的部分，然后单独把不透明度的部分在蒙版上涂出来即可。下面以快速抠出透明矿泉水瓶为例进行介绍，具体操作方法如下：

01 复制图层

打开"光盘：素材 \11\ 矿泉水 .jpg"，按【Ctrl+J】组合键复制"背景"图层，得到"图层 1"，如下图所示。

02 复制图像

按【Ctrl+A】组合键全选图像，再按【Ctrl+ C】组合键复制图像。单击"添加图层蒙版"按钮，为"图层 1"添加蒙版，如下图所示。

03 进入蒙版编辑状态

按住【Alt】键的同时单击"图层 1"的蒙版缩览图，进入蒙版编辑状态，如下图所示。

04 粘贴图像

按【Ctrl+V】组合键把刚才复制的图像粘贴到图层蒙版中，可以看到图层蒙版中有了一个矿泉水图像，如下图所示。

05 选取图像

选择钢笔工具，沿着瓶子绘制路径，按【Ctrl+Enter】组合键将路径转换为选区，如下图所示。

06 反选选区

按【Ctrl+Shift+I】组合键反选选区，设置背景色为黑色，按【Al+Delete】组合键填充选区，按【Ctrl+D】组合键取消选区，如下图所示。

07 涂抹标签

选择画笔工具 ✎，设置前景色为白色，在瓶子标签上进行涂抹，如下图所示。

08 绘制渐变色

单击"背景"图层，选择渐变工具 ▣，设置渐变色为 RGB（71，9，154）到 RGB（32，166，239），单击径向渐变按钮 ▣，绘制渐变色，如下图所示。

09 创建选区

选择椭圆选框工具 ◯，在瓶子底部创建一个选区。按【Shift+F6】组合键，在弹出的对话框中设置"羽化半径"为30像素，单击"确定"按钮，如下图所示。

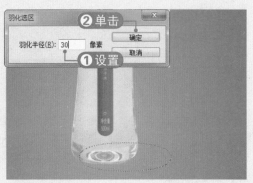

10 填充选区

单击"创建新图层"按钮 ◩，新建"图层 2"。设置背景色为黑色，按【Al+Delete】组合键填充选区，按【Ctrl+D】组合键取消选区，最终效果如下图所示。

11.1.4 使用通道抠出凌乱的发丝

使用通道抠图是非常高效且常用的抠图方法。不过采用这种方法抠图对图像也有一定的要求，主体与背景需要对比分明。在实际操作时，主要是用通道抠出较为复杂的头发部分，其他部分可以用钢笔工具来完成，具体操作方法如下：

01 打开素材文件

单击"文件"|"打开"命令，打开"光盘：素材 \11\ 金发 .jpg"，如右图所示。

02 复制通道

打开"通道"面板，将"蓝"通道拖至"创建新通道"按钮🞢上，得到"蓝拷贝"通道，如下图所示。

03 绘制路径

显示 RGB 通道，返回"图层"面板。选择钢笔工具✍，对人物及其头发主体绘制路径，如下图所示。

04 羽化选区

按【Ctrl+Enter】组合键，将路径转换为选区。按【Shift+F6】组合键，在弹出的对话框中设置"羽化半径"为 5 像素，单击"确定"按钮，如下图所示。

05 填充选区

选择"蓝 拷贝"通道，设置背景色为黑色，按【Alt+Delete】组合键进行填充，按【Ctrl+D】组合键取消选区，如下图所示。

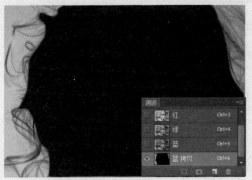

06 调整色阶

按【Ctrl+L】组合键，在弹出的"色阶"对话框中设置各项参数，增加"蓝拷贝"通道中的对比度，单击"确定"按钮，如下图所示。

07 调整亮度/对比度

单击"图像"|"调整"|"亮度/对比度"命令，在弹出的对话框中设置各项参数，单击"确定"按钮，如下图所示。

08 复制通道

在"通道"面板中将"蓝 拷贝"通道拖至"创建新通道"按钮□上，得到"蓝拷贝 2"通道，如下图所示。

09 调整曲线

按【Ctrl+I】组合键，将图像进行反相。按【Ctrl+M】组合键，在弹出的对话框中设置"输入"数值为 161，单击"确定"按钮，如下图所示。

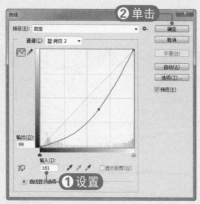

10 加深操作

选择加深工具，并设置"曝光度"为 100%，对"蓝拷贝 2"的黑色部分进行涂抹加深，如下图所示。

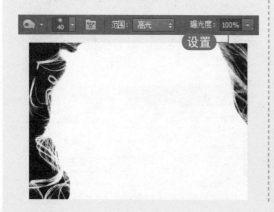

11 载入选区

按住【Ctrl】键的同时单击"蓝拷贝"通道，载入选区。按【Ctrl+Shift+I】组合键反选选区，按【Ctrl+2】组合键显示 RGB 通道，如下图所示。

12 复制图像

返回"图层"面板，按【Ctrl+J】组合键复制选区内的图像，得到"图层 1"，如下图所示。

13 复制图层

同样，载入"蓝拷贝 2"通道的选区。选择"背景"图层，按【Ctrl+J】组合键进行复制，得到"图层 2"，如下图所示。

⑭ **查看抠图效果**

　　隐藏"背景"图层，即可看到使用通道抠图后的最终效果，如右图所示。

11.1.5 使用调整边缘工具选取图像

　　调整边缘工具具有神奇的去背景功能，它是利用选取范围的调整边缘将背景去除掉。使用此工具除了可以快速去除背景外，还可以修正白边以及边缘平滑化，让抠图变得更加轻松，具体操作方法如下：

① **打开素材文件**

　　单击"文件"|"打开"命令，打开"光盘：素材\11\回眸.jpg"，如下图所示。

② **创建选区**

　　选择快速选择工具，拖动鼠标对照片中的人物创建选区，如下图所示。

③ **设置参数**

　　按【Ctrl+Alt+R】组合键，弹出"调整边缘"对话框，在"视图"下拉列表中选择"黑底"，设置其他各项参数，如下图所示。

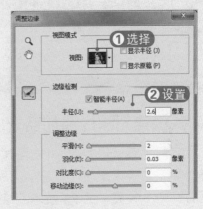

④ **调整选区**

　　在"调整边缘"对话框左侧选择调整半径工具和涂抹调整工具，在图像窗口中拖动人物头发部分，调整选区，如下图所示。

05 设置输出

在"调整边缘"对话框中设置"输出到"为"新建图层",单击"确定"按钮,如下图所示。

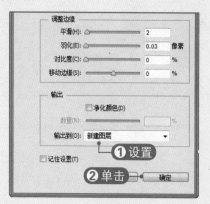

06 查看抠图效果

此时在"图层"面板中就会创建"背景 拷贝"图层,即可得到所要抠取的图像,如下图所示。

11.2 数码创意合成

Photoshop 图像合成在平面设计中占有重要的地位,在广告海报、插画、壁纸等平面设计作品中都有广泛的应用。合成并不是简单的拼凑,它需要运用各种素材,通过精心组织、处理、修饰与融合后得到新的设计作品,从而达到化腐朽为神奇或锦上添花的效果。

11.2.1 快速为照片添加蓝天白云

本实例主要使用 Photoshop 给灰蒙蒙的照片添加蓝天白云背景,旅行中天气时好时坏无法听人摆布,糟糕的天气使天空没有层次,又不得不继续行走拍摄,下面将介绍一种简单的 PS 技术,给风光照添加漂亮的蓝天白云,具体操作方法如下:

01 打开素材文件

单击"文件"|"打开"命令,打开"光盘:素材 \11\ 凤凰古城 .jpg",如下图所示。

02 选取并复制图像

选择魔棒工具 ，在天空部分单击创建选区选取图像,按【Ctrl+J】组合键复制图像,得到"图层 1",如下图所示。

03 打开素材文件

单击"文件"|"打开"命令,打开"光盘：素材\11\蓝天.jpg",如下图所示。

04 创建剪贴蒙版

将蓝天拖到"凤凰古城"文件窗口中,按【Ctrl+Alt+G】组合键创建剪贴蒙版,如下图所示。

05 调整曲线

单击"创建新的填充或调整图层"按钮,选择"曲线"选项,在弹出的面板中设置参数,如下图所示。

06 调整可选颜色

单击"创建新的填充或调整图层"按钮,选择"可选颜色"选项,在弹出的面板中设置参数,如下图所示。

11.2.2 为照片添加五彩背景效果

本实例将介绍如何为照片加上块状五彩背景,制作时用"点状化"滤镜制作出比较均匀的图案,然后删除多余的部分,并设置图层混合模式即可,具体操作方法如下：

01 复制图层

打开"光盘：素材\11\五彩.jpg",按【Ctrl+J】组合键复制"背景"图层,得到"图层1",如下图所示。

02 应用"点状化"滤镜

单击"滤镜"|"像素化"|"点状化"命令，在弹出的对话框中设置各项参数，单击"确定"按钮，如下图所示。

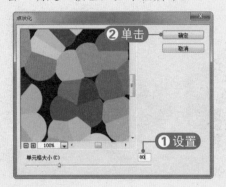

03 选取图像

单击"选择"|"色彩范围"命令，在弹出的对话框中选取黑色区域，设置各项参数，单击"确定"按钮，如下图所示。

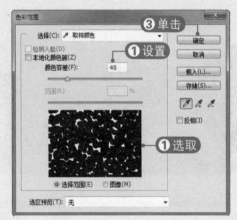

04 扩展选区

单击"选择"|"修改"|"扩展"命令，在弹出的对话框中设置"扩展量"为 1 像素，单击"确定"按钮，如下图所示。

05 删除图像

按【Delete】键删除选区内的图像，按【Ctrl+D】组合键取消选区，如下图所示。

06 添加图层蒙版

设置"图层 1"的图层混合模式为"正片叠底"。单击"添加图层蒙版"按钮，为"图层 1"添加蒙版，如下图所示。

07 编辑蒙版

设置前景色为黑色，选择画笔工具，在人物身上进行涂抹，擦掉多余的部分，如下图所示。

08 复制图层

按【Ctrl+J】组合键复制"图层1"，得到"图层1拷贝"，即可得到五彩背景的最终效果，如右图所示。

11.2.3 制作相框叠加艺术效果

在本实例制作过程中，首先利用选框工具在图像中创建选区，然后通过使用"变换选区"命令为想保留的区域添加边框和投影效果，最后制作出多张照片叠放在一起的效果，具体操作方法如下：

01 复制图层

打开"光盘：素材 \11\ 玫瑰 .jpg"，按【Ctrl+J】组合键复制"背景"图层，得到"图层1"，如下图所示。

03 合并图层

设置"图层1"的图层混合模式为"柔光"。按【Ctrl+E】组合键，将"图层1"合并到"背景"图层中，如下图所示。

02 应用"特殊模糊"滤镜

单击"滤镜"|"模糊"|"特殊模糊"命令，在弹出的对话框中保持默认设置，单击"确定"按钮，如下图所示。

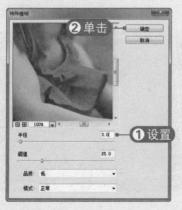

04 创建矩形选区

按【Ctrl+J】组合键复制图层，并将得到的"图层1"隐藏。选择矩形选框工具，绘制一个矩形选区，如下图所示。

05 变换选区

单击"选择"|"变换选区"命令，调整选区的大小和角度，然后双击确认变换操作，如下图所示。

06 编辑描边

单击"创建新图层"按钮 🖿，新建"图层 2"，并将其拖至"图层 1"的下方。单击"编辑"|"描边"命令，在弹出的对话框中设置各项参数，单击"确定"按钮，如下图所示。

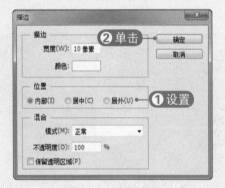

07 添加投影

单击"添加图层样式"按钮 🖿，选择"投影"选项，在弹出的对话框中设置各项参数，单击"确定"按钮，如下图所示。

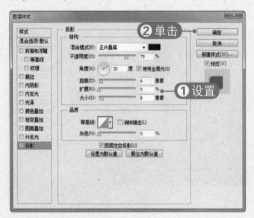

08 图像去色

选择"背景"图层，按【Ctrl+Shift+I】组合键反选选区。按【Ctrl+Shift+U】组合键去色，按【Ctrl+D】组合键取消选区，如下图所示。

09 添加相框

单击眼睛图标 █，将隐藏的"图层 1"显示出来。采用同样的方法，制作小的相框效果，如下图所示。

10 制作叠加相框效果

选择"图层 1"，按【Ctrl+Shift+I】组合键反选选区，按【Delete】键删除选区内的图像，按【Ctrl+D】组合键取消选区，即可得到叠加相框效果，如下图所示。

11.2.4 合成故地重游对比图效果

本实例首先把彩色照片的局部换成旧照片，然后加入拿照片的手，整体画面非常有创意，具体操作方法如下：

01 打开素材文件

单击"文件"|"打开"命令，打开"光盘：素材\11\城市.jpg"，如下图所示。

02 复制图像

选择矩形选框工具，在照片中绘制一个矩形选区。按【Ctrl+J】组合键复制选区内的图像，得到"图层1"，如下图所示。

03 为图像去色

单击"图像"|"调整"|"去色"命令，将图像颜色去掉，如下图所示。

04 调整曲线

按【Ctrl+M】组合键打开"曲线"命令对话框，调整曲线后单击"确定"按钮，如下图所示。

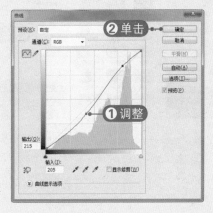

05 添加照片滤镜

单击"图像"|"调整"|"照片滤镜"命令，在弹出的对话框中使用默认参数，单击"确定"按钮，如下图所示。

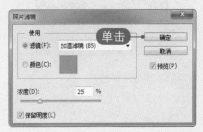

06 应用"高斯模糊"滤镜

单击"滤镜"|"模糊"|"高斯模糊"命令，在弹出的对话框中设置各项参数值，如下图所示。

07 应用"胶片颗粒"滤镜

单击"滤镜"|"滤镜库"命令，在弹出的对话框中选择"艺术效果"|"胶片颗粒"命令，设置各项参数，单击"确定"按钮，如下图所示。

08 新建并填充图层

单击"创建新图层"按钮，新建"图层2"。设置前景色为黑色，按【Alt+Delete】组合键进行填充，如下图所示。

09 应用"云彩"滤镜

单击"滤镜"|"渲染"|"云彩"命令，效果如下图所示。

10 创建剪贴蒙版

按【Ctrl+Alt+G】组合键创建剪贴蒙版，此时云彩图层剪贴到"图层2"，设置其图层混合模式为"柔光"，如下图所示。

11 调整曲线

按【Ctrl+M】组合键打开"曲线"命令对话框，调整曲线后单击"确定"按钮，制作出旧照片效果，如下图所示。

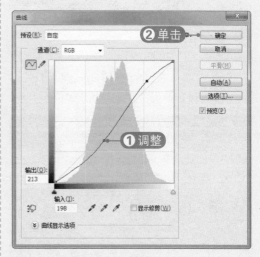

12 变换图像

按【Ctrl+E】组合键，将"图层2"合并到"图层1"中。按【Ctrl+T】组合键调出变换框，对图像进行变形，双击鼠标左键确认变换，如下图所示。

13 添加描边

单击"添加图层样式"按钮**fx**，选择"描边"选项，在弹出的对话框中设置各项参数，单击"确定"按钮，如下图所示。

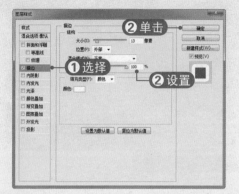

14 打开素材文件

单击"文件"|"打开"命令，打开"光盘：素材\11\手.jpg"，如下图所示。

15 选取图像

选择钢笔工具**☉**，沿着手绘制路径，按【Ctrl+Enter】组合键将路径转换为选区，如下图所示。

16 拖入并调整图像

将选区中的手拖到"城市"文件窗口中，按【Ctrl+T】组合键调出变换框，调整手的大小和位置，双击鼠标左键确认变换，最终效果如下图所示。

11.2.5 添加斑斓光晕效果

下面通过使用形状工具绘制椭圆路径，并对图像所在的形状图层应用图层混合模式和不透明度，制作出颜色丰富的色块叠加效果，从而得到色彩斑斓的光晕效果，具体操作方法如下：

01 打开素材文件

单击"文件"|"打开"命令，打开"光盘：素材\11\小公主.jpg"，如下图所示。

02 绘制白色圆形

选择椭圆工具**◯**，在画面中绘制一些白色圆形，如下图所示。

03 设置图层混合模式

设置"椭圆 1"的图层混合模式为"叠加","不透明度"为 30%，以调整圆形的色调效果，如下图所示。

04 绘制圆形

继续绘制一些圆形，设置填充色为 RGB（255，244，92），设置其图层混合模式为"叠加"，"不透明度"为 30%，如下图所示。

05 绘制圆形

采用同样的方法继续绘制一些大小不一的圆形，设置填充色为 RGB（235，97，0），如下图所示。

06 设置图层混合模式

设置"椭圆 3"的图层混合模式为"划分"，"不透明度"为 20%，如下图所示。

07 绘制圆形

继续在画面中绘制更多的圆形，以丰富画面效果，如下图所示。

08 设置图层混合模式

设置"椭圆 4"的图层混合模式为"划分"，"不透明度"为 50%，调整圆形的颜色，如下图所示。

09 绘制圆形

采用同样的方法绘制更多的圆形，并分别设置其混合模式等属性，如下图所示。

⑩ 盖印图层

按【Ctrl+Alt+Shift+E】组合键盖印可见图层，得到"图层1"，设置其图层混合模式为"柔光"，如下图所示。

⑪ 添加图层蒙版

单击"添加图层蒙版"按钮，为"图层1"添加蒙版。设置前景色为黑色，选

择画笔工具，对人物和过暗的部分进行涂抹，如下图所示。

⑫ 调整曲线

单击"创建新的填充或调整图层"按钮，选择"色阶"选项，在弹出的面板中设置各项参数，即可得到最终效果，如下图所示。

11.2.6 合成画板上正在绘制的素描画

本实例首先把人物素材转成素描画效果，然后把素描画放到画板上，调整透视效果，擦掉不需要的部分即可，具体操作方法如下：

① 打开素材文件

单击"文件"|"打开"命令，打开"光盘：素材\11\素描.jpg"，如下图所示。

② 调整色阶

单击"图像"|"调整"|"色阶"命令，在弹出的对话框中设置各项参数，单击"确定"按钮，如下图所示。

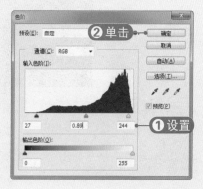

03 去除颜色

单击"图像"|"调整"|"去色"命令，将图像颜色去掉，如下图所示。

04 反相图像

按【Ctrl+J】组合键复制"背景"图层，得到"图层1"。按【Ctrl+I】组合键进行反相，效果如下图所示。

05 设置图层混合模式

设置"图层1"的图层混合模式为"颜色减淡"，此时图像只留下一小部分，如下图所示。

06 应用"最小值"滤镜

单击"滤镜"|"其它"|"最小值"命令，在弹出的对话框中设置各项参数，单击"确定"按钮，如下图所示。

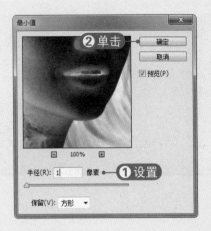

07 查看图像效果

此时可以看到照片中的人物呈现出素描效果，如下图所示。

08 调整曲线

按【Ctrl+Alt+Shift+E】组合键盖印可见图层，得到"图层1"。按【Ctrl+M】组合键打开"曲线"对话框，调整曲线后单击"确定"按钮，如下图所示。

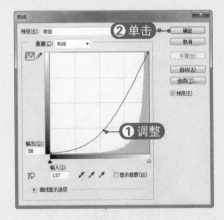

09 打开素材文件

单击"文件"|"打开"命令，打开"光盘：素材\11\画板.jpg"，如下图所示。

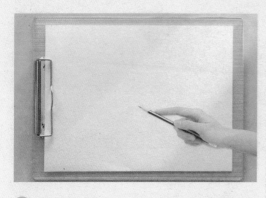

10 变换图像

将人物拖到画板图像中，按【Ctrl+T】组合键调出变换框调整图像大小，双击鼠标左键确认变换，如下图所示。

12 编辑蒙版

设置前景色为黑色，选择画笔工具，对多余的素描图像部分进行涂抹，最终效果如下图所示。

11 添加蒙版

设置"图层1"的图层混合模式为"正片叠底"。单击"添加图层蒙版"按钮，为其添加蒙版，如下图所示。

11.2.7 更换人物面部五官

在更换人物面部五官之前，需要注意前后两张素材的头型及角度需要基本相似，然后可以用蒙版或选区切换头像，最后调整颜色即可，具体操作方法如下：

01 打开素材文件

单击"文件"|"打开"命令，打开"光盘：素材\11\换脸1.jpg"，如下图所示。

02 创建选区

选择套索工具，在女孩的脸部拖动鼠标创建选区，如下图所示。

03 羽化选区

按【Shift+F6】组合键,弹出"羽化选区"对话框,设置"羽化半径"为 8 像素,单击"确定"按钮,如下图所示。

04 复制图像

按【Ctrl+J】组合键复制选区中的图像,得到"图层 1",如下图所示。

05 打开素材文件

单击"文件"|"打开"命令,打开"光盘:素材 \11\ 换脸 2.jpg",如下图所示。

06 拖入素材

将"图层 1"拖至"换脸 2"图像窗口中。为了准确地调整人物五官,设置"图层 1"的"不透明度"为 50%,如下图所示。

07 变换图像

按【Ctrl+T】组合键调出变换控制框,调整图像大小,使五官更好地融合,然后双击确认变换操作,如下图所示。

08 添加并编辑蒙版

单击"添加图层蒙版"按钮,为"图层 1"添加蒙版。设置前景色为黑色,选择画笔工具,设置"不透明度"为 50%,擦掉多余的部分,如下图所示。

09 微调图像

设置"图层 1"的"不透明度"为 100%,选择移动工具,按方向键对"图层 1"中的图像进行微调,使下巴处的衔接更加自然,如下图所示。

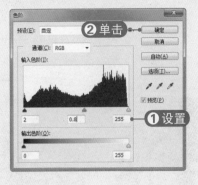

⑩ 调整色彩平衡

选择"图层1"缩览图,单击"图像"|"调整"|"色彩平衡"命令,在弹出的对话框中设置各项参数,单击"确定"按钮,如下图所示。

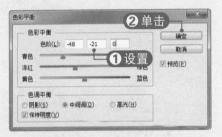

⑪ 调整饱和度

单击"图像"|"调整"|"色相/饱和度"命令,在弹出的对话框中设置各项参数,单击"确定"按钮,如下图所示。

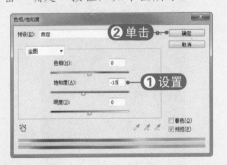

⑫ 调整色阶

单击"图像"|"调整"|"色阶"命令,在弹出的对话框中设置各项参数,单击"确定"按钮,如下图所示。

⑬ 编辑图层蒙版

选择"图层1"的图层蒙版缩览图,设置前景色为黑色,选择画笔工具,设置"不透明度"为30%,擦掉多余的部分,如下图所示。

⑭ 变换图像

按【Ctrl+Shift+Alt+E】组合键盖印所有图层,得到"图层2"。选择加深工具,对脸部进行修饰,最终效果如下图所示。

11.2.8 合成神奇放大镜效果

本实例将运用图层蒙版合成神奇的放大镜图像效果,具体操作方法如下:

01 复制图层

打开"光盘：素材 /11/ 摄影 .jpg"，按【Ctrl+J】组合键，复制"背景"图层，得到"图层 1"，如下图所示。

02 使用通道混和器

单击"图像"|"调整"|"通道混和器"命令，在弹出的对话框中选中"单色"复选框，单击"确定"按钮，如下图所示。

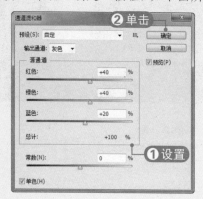

03 调整亮度 / 对比度

此时照片转换为黑白效果，单击"图像"|"调整"|"亮度 / 对比度"命令，在弹出的对话框中设置各项参数，强化高光与阴影的对比，单击"确定"按钮，如下图所示。

04 新建并填充图层

单击"创建新图层"按钮，新建"图层 2"。设置前景色为白色，按【Alt+Delete】组合键填充图层，然后单击"添加图层蒙版"按钮，为其添加图层蒙版，如下图所示。

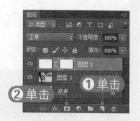

05 设置画笔工具参数

设置前景色为黑色，选择画笔工具，单击按钮，打开"画笔"面板，设置各项参数，如下图所示。

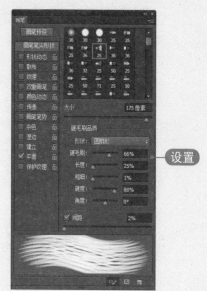

06 编辑蒙版

在"画笔"工具属性栏中设置"不透明度"为 15%，"流量"为 70%，对蒙版进行编辑操作，绘制倾斜的线条，直到人像越来越清晰，如下图所示。

07 加深暗部

按【Ctrl+Alt+Shift+E】组合键盖印可见图层，得到"图层 3"。选择加深工具，在其工具属性栏中设置"曝光度"为 30%，在人像暗部进行涂抹，增加暗部的色调，如下图所示。

10 新建图层

单击"创建新图层"按钮，新建"图层 4"。设置前景色为白色，按【Alt+Delete】组合键填充选区，按【Ctrl+D】组合键取消选区，如下图所示。

08 打开素材文件

单击"文件"|"打开"命令，打开"光盘：素材 /11/ 放大镜 .psd"，如下图所示。

11 链接图层

按住【Ctrl】键的同时选择"放大镜"和"图层 4"，单击"链接图层"按钮，将两个图层链接在一起，如下图所示。

09 拖入素材

将"放大镜"图层拖到之前的文件窗口中，按【Ctrl+T】组合键调出变换框，调整图像大小。选择快速选择工具，拖动鼠标在白色区域创建选区，按【Delete】键删除选区内的图像，如下图所示。

12 复制并移动图层

选择"背景"图层，按【Ctrl+J】组合键进行复制，得到"背景副本"图层，将其拖到"图层 3"上方，并将"图层 4"拖到"背景副本"图层下方，如下图所示。

⑬ **创建剪贴蒙版**

按住【Alt】键的同时在"图层 4"和"背景 副本"两个图层中间单击鼠标左键，创建剪贴蒙版，放大镜外面显示的是素描画，如下图所示。

⑭ **查看最终效果**

选择移动工具 ，在画面中拖动鼠标，即可看到放大镜移到哪里，哪里就会显示人物原图像，如下图所示。

11.2.9 轻松合成双胞胎效果

有没有幻想过自己有一个双胞胎的姐姐、妹妹、哥哥或者弟弟呢？或者有没有想象过把照片给别人看的时候上面有两个一模一样的你呢？利用 Photoshop 就可以轻松合成双胞胎效果，具体操作方法如下：

① **打开素材文件**

单击"文件"|"打开"命令，打开"光盘：素材 \11\ 小女孩 .jpg"，如下图所示。

在弹出到对话框中设置各项参数，在"定位"区域单击箭头←，单击"确定"按钮，如下图所示。

② **增加画布大小**

单击"图像"|"画布大小"命令，

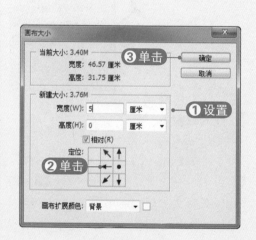

03 创建选区

选择矩形选框工具 ■，在增加了画布尺寸的图像上拖动鼠标创建选区，如下图所示。

04 复制图像

按【Ctrl+J】组合键复制选区内的图像，得到"图层1"。选择移动工具 ■，调整图像位置到画布左侧，如下图所示。

05 变换图像

按【Ctrl+E】组合键合并图像，按【Ctrl+J】组合键复制图像，得到"图层1"。按【Ctrl+T】组合键调出变换控制框并右击，选择"水平翻转"命令，如下图所示。

06 确认变换

双击确认变换操作，即可得到翻转后的图像效果，如下图所示。

07 添加并编辑蒙版

单击 ■ 按钮，为"图层1"添加蒙版。选择渐变工具 ■，设置黑色到白色渐变。单击"线性渐变"按钮 ■，从右向左拖动鼠标编辑蒙版，如下图所示。

08 查看最终效果

根据合成效果多拖动几次，直到得到满意的合成效果为止，如下图所示。

11.2.10 合成人像与风景结合的双重曝光效果

双重曝光效果看似简单，但处理起来还是比较繁琐的。本实例首先把人像单独抠取出来，并用人像选区复制风景图片，后期把人物与风景融合处理，并微调颜色即可，具体操作方法如下：

01 打开素材文件

单击"文件"|"打开"命令，打开"光盘：素材 \11\ 人像 .jpg"，如下图所示。

02 选取图像

选择钢笔工具，沿着人像绘制路径，按【Ctrl+Enter】组合键将路径转换为选区，如下图所示。

03 调整边缘

按【Ctrl+Alt+R】组合键，弹出"调整边缘"对话框，设置其他各项参数，如下图所示。

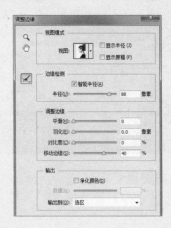

04 调整选区

在"调整边缘"对话框左侧选择调整半径工具和涂抹调整工具，在图像窗口中拖动人物头发部分，调整选区，如下图所示。

05 设置输出选项

在"调整边缘"对话框中设置"输出到"为"新建图层"，然后单击"确定"按钮，如下图所示。

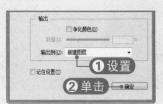

06 新建图层

单击"创建新图层"按钮，新建"图层1"，并将其拖至"背景 拷贝"图层的下方，如下图所示。

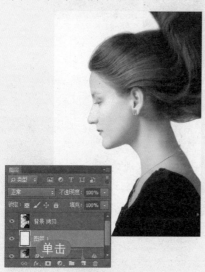

07 打开素材文件

单击"文件"|"打开"命令，打开"光盘：素材\11\树林.jpg"，如下图所示。

08 拖入素材

将树林图像拖到"人像"文件窗口中，在"图层"面板中将"图层2"拖到"背景 拷贝"图层上方，如下图所示。

09 创建剪贴蒙版

按【Ctrl+Alt+G】组合键创建剪贴蒙版，将"图层2"移到合适的位置，如下图所示。

10 复制图层

选择"背景 拷贝"图层，按【Ctrl+J】组合键进行复制，得到"背景 拷贝2"，然后将"背景 拷贝"图层拖到"图层"面板最上方，如下图所示。

⑪ 调整色阶

按【Ctrl+M】组合键打开"色阶"命令对话框,设置各项参数后单击"确定"按钮,如下图所示。

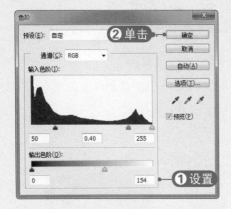

⑫ 图像去色

单击"图像"|"调整"|"去色"命令,将图像颜色去掉。设置其图层混合模式为"颜色减淡","不透明度"为90%,如下图所示。

⑬ 添加并编辑蒙版

单击"添加图层蒙版"按钮，为"背景 拷贝"添加蒙版。设置前景色为黑色,选择画笔工具，对耳朵部分进行涂抹,如下图所示。

⑭ 添加颜色

选择"图层1",单击"添加图层样式"按钮，选择"颜色叠加"选项,在弹出的对话框中设置各项参数,单击"确定"按钮,如下图所示。

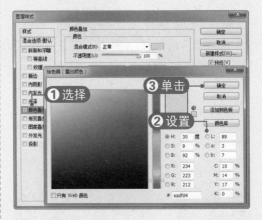

⑮ 调整渐变映射

选择"背景 拷贝"图层,单击"创建新的填充或调整图层"按钮，选择"渐变映射"选项,在弹出的面板中设置渐变映射,如下图所示。

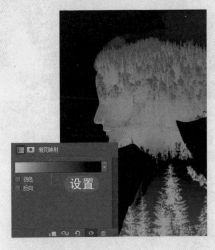

16 设置图层混合模式

　　设置"渐变映射 1"图层的图层混合模式为"颜色","不透明度"为 25%,即可得到最终效果,如右图所示。

数码照片商业创意设计

　　本章将综合运用本书所讲的各种知识，对古典人像、婚纱摄影照片和电影人物照片等进行后期制作。读者可以不断拓展自己的创作思维，充分发挥自己的艺术创造力，创作出不同风格的数码商业作品。

12.1 制作古典水墨舞者宣传广告

本实例将制作一幅具有中国古典水墨风格的舞者宣传广告作品，画面和谐、自然，艺术感很强，具体操作方法如下：

01 复制图层

打开"光盘：素材 \12\ 水墨背景 .jpg"，按【Ctrl+J】组合键复制"背景"图层，得到"图层 1"，如下图所示。

02 填充图层

选择"背景"图层，设置前景色为白色，按【Alt+Delete】组合键进行填充。选择"图层 1"，单击■按钮，为其添加图层蒙版，如下图所示。

03 绘制渐变色

选择渐变工具■，设置渐变色为黑色到白色，单击线性渐变按钮■，从下至下绘制渐变色，如下图所示。

04 打开素材文件

单击"文件"|"打开"命令，打开"光盘：素材 \12\ 荷花 .jpg"，如下图所示。

05 变换图像

将荷花图像拖入之前的文件窗口中，按【Ctrl+T】组合键调出变换框调整图像大小，双击鼠标左键确认变换，如下图所示。

06 添加并编辑蒙版

单击"添加图层蒙版"按钮，为"图层 2"添加蒙版。设置前景色为黑色，选择画笔工具，擦掉多余的部分，如下图所示。

07 应用"云彩"滤镜

单击"创建新图层"按钮，新建"图层 3"。单击"滤镜"|"渲染"|"云彩"命令，查看此时的图像效果，如下图所示。

08 应用"水波"滤镜

单击"滤镜"|"扭曲"|"水波"命令，在弹出的对话框中设置各项参数，单击"确定"按钮，如下图所示。

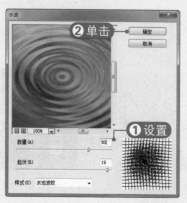

09 变换图像

按【Ctrl+T】组合键调出变换控制框，调整水波的大小和透视角度，双击鼠标左键确认变换，如下图所示。

10 添加并编辑蒙版

设置"图层 3"的图层混合模式为"强光"。单击按钮，为其添加蒙版，设置前景色为黑色，选择画笔工具，擦掉多余的部分，如下图所示。

11 打开素材文件

单击"文件"|"打开"命令，打开"光盘：素材 \12\ 舞者 .jpg"，如下图所示。

⑫ 羽化图像

选择快速选择工具 ，拖动鼠标对照片中的人物创建选区。按【Shift+F6】组合键，在弹出的对话框中设置"羽化半径"为1像素，单击"确定"按钮，如下图所示。

⑬ 调整选区

按【Ctrl+Alt+R】组合键，弹出"调整边缘"对话框，设置各项参数。选择调整半径工具 和涂抹调整工具 调整选区，单击"确定"按钮，如下图所示。

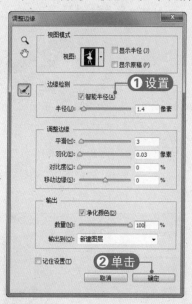

⑭ 变换图像

将抠出的舞者图像拖到之前的文件窗口中，按【Ctrl+T】组合键，调整人物的大小，双击鼠标左键确认变换，然后将水波图像移到合适的位置，如下图所示。

⑮ 调整色阶

单击"图像"|"调整"|"色阶"命令，在弹出的对话框中设置各项参数，单击"确定"按钮，调亮人物，如下图所示。

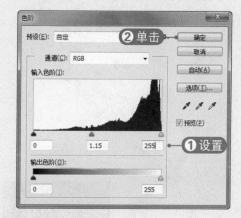

⑯ 调整渐变映射

按【Ctrl+J】组合键复制图层，得到"背景 拷贝2"。单击"图像"|"调整"|"渐变映射"命令，在弹出的对话框中设置参数，单击"确定"按钮，如下图所示。

⑰ **设置图层混合模式**

　　设置"背景 拷贝 2"的图层混合模式为"正片叠底","不透明度"为80%,增加人物的明暗对比度,如下图所示。

⑱ **打开素材文件**

　　单击"文件"|"打开"命令,打开"光盘:素材\12\飘带.jpg",如下图所示。

⑲ **选取图像**

　　单击"选择"|"色彩范围"命令,在弹出的对话框中设置各项参数,单击"确定"按钮,如下图所示。

⑳ **变换图像**

　　按【Ctrl+Shift+I】组合键反选选区,将其拖到背景文件窗口中,按【Ctrl+T】组合键调整飘带的大小,如下图所示。

㉑ **操控变形**

　　单击"编辑"|"操控变形"命令,单击添加固定图钉,对飘带围绕人物进行变形,如下图所示。

㉒ **调整黑白**

　　单击"图像"|"调整"|"黑白"命令,在弹出的对话框中设置各项参数,单击"确定"按钮,如下图所示。

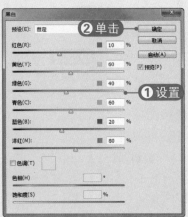

㉓ 添加并编辑蒙版

单击 ▣ 按钮，为"图层 4"添加蒙版，设置前景色为黑色，选择画笔工具 ▨，将人物上半身显露出来，如下图所示。

㉔ 调整色相/饱和度

选择"图层 4"的图层缩览图，单击"图像"|"调整"|"色相/饱和度"命令，在弹出的对话框中设置各项参数值，单击"确定"按钮，如下图所示。

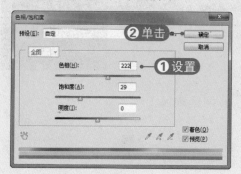

㉕ 复制图层

按【Ctrl+J】组合键两次复制图层，选择"图层 4 拷贝 2"，按【Ctrl+I】组合键反相图像，将其图层混合模式为"叠加"，如下图所示。

㉖ 应用"高斯模糊"滤镜

选择"图层 4"图层缩览图，单击"滤镜"|"模糊"|"高斯模糊"命令，在弹出的对话框中设置各项参数，如下图所示。

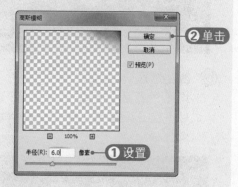

㉗ 输入文字

选择横排文字工具 T，在左上角输入"舞墨"文字，在"字符"面板中设置各项参数，即可得到最终效果，如下图所示。

12.2 制作超酷海盗电影海报

本实例将制作超酷海盗电影海报，在合成时先从背景开始，慢慢加入细节元素及人物等，最后处理光影，渲染颜色，处理细节，再加入文字等即可，具体操作方法如下：

01 打开素材文件

单击"文件"|"打开"命令，打开"光盘：素材 \12\ 海水 .jpg"，如下图所示。

02 创建选区

打开"光盘：素材 \12\ 云 .jpg"，选择矩形选框工具，在上半部分创建选区，如下图所示。

03 变换图像

将云图像拖到"海水"文件窗口中，按【Ctrl+T】组合键调整图像大小，双击鼠标左键确认变换，如下图所示。

04 添加并编辑蒙版

单击"添加图层蒙版"按钮，为"图层 1"添加蒙版。设置前景色为黑色，选择画笔工具，擦掉多余的部分，如下图所示。

05 创建选区

打开"光盘：素材 \12\ 岩石 .jpg"，选择矩形选框工具，在岩石部分创建选区，如下图所示。

06 变换图像

将岩石图像拖到"海水"文件窗口中，按【Ctrl+T】组合键水平翻转图像，双击鼠标左键确认变换，如下图所示。

07 添加并编辑蒙版

单击"添加图层蒙版"按钮，为"图层2"添加蒙版。设置前景色为黑色，选择画笔工具，擦掉多余的部分，如下图所示。

10 添加并编辑蒙版

单击"添加图层蒙版"按钮，为"图层3"添加蒙版。设置前景色为黑色，选择画笔工具，擦掉多余的部分，如下图所示。

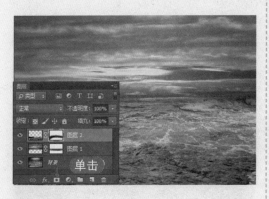

08 创建选区

打开"光盘：素材 \12\ 小山 .jpg"，选择快速选择工具，在左边山上创建选区，如下图所示。

11 拖入并调整素材

用同样的方法继续拖入小山素材图像，按【Ctrl+J】组合键复制图层，然后调整图像大小和位置，添加并编辑蒙版，如下图所示。

09 变换图像

将选区中的图像拖到"海水"文件窗口中，按【Ctrl+T】组合键水平翻转图像，双击鼠标左键确认变换，如下图所示。

12 调整曲线

单击"创建新的填充或调整图层"按钮，选择"曲线"选项，在弹出的面板中设置各项参数，如下图所示。

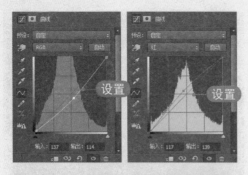

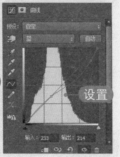

13 打开素材文件

单击"文件"|"打开"命令，打开"光盘：素材\12\云彩.jpg"，如下图所示。

14 变换图像

将云彩拖入之前的文件中，按【Ctrl+T】组合键调整图像大小，设置图层混合模式为"柔光"，如下图所示。

15 复制图层

将"图层5"拖到"图层2"的上方，按【Ctrl+J】组合键复制图层，得到"图层5拷贝"，如下图所示。

16 添加并编辑蒙版

为"图层5"和"图层5拷贝"添加蒙版，选择画笔工具，擦掉多余的部分，使其过渡得更加自然，如下图所示。

17 打开素材文件

单击"文件"|"打开"命令，打开"光盘：素材\12\船.png"，如下图所示。

⑱ 变换图像

将船图像拖入之前的文件窗口中，按【Ctrl+T】组合键水平翻转图像，然后调整图像大小，如下图所示。

⑲ 应用"高斯模糊"滤镜

单击"滤镜"|"模糊"|"高斯模糊"命令，在弹出的对话框中设置各项参数，单击"确定"按钮，如下图所示。

⑳ 调整色相/饱和度

单击"图像"|"调整"|"色相/饱和度"命令，在弹出的对话框中设置各项参数，单击"确定"按钮，如下图所示。

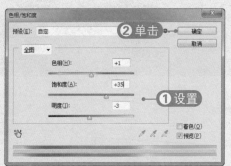

㉑ 拖入素材文件

打开"爆炸.jpg"、"火.jpg"、"火2.jpg"、"烟.jpg"，将它们拖到之前的文件窗口中，调整位置和大小后设置图层混合模式为"滤色"，如下图所示。

㉒ 拖入素材文件

打开"光盘：素材\12\海盗.png"，将其拖到之前的文件窗口中，按【Ctrl+T】组合键调整图像大小，如下图所示。

㉓ 调整色相/饱和度

单击"创建新的填充或调整图层"按钮 ，选择"色相/饱和度"选项，在弹出的面板中设置各项参数，如下图所示。

...

㉔ **编辑蒙版**

选择画笔工具 ，擦掉人物头发以外的部分，如下图所示。

㉕ **调整曲线**

单击"创建新的填充或调整图层"按钮 ，选择"曲线"选项，在弹出的面板中设置各项参数，如下图所示。

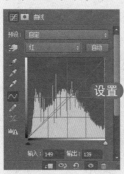 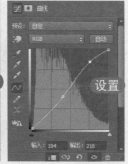

㉖ **设置"蓝"通道**

继续在"属性"面板中设置"蓝"通道的各项参数，以调整人物的色调，如下图所示。

㉗ **调整色相/饱和度**

单击"创建新的填充或调整图层"按钮 ，选择"色相/饱和度"选项，在弹

出的面板中设置各项参数，如下图所示。

㉘ **编辑蒙版**

选择画笔工具 ，擦掉人物脸部以外的部分，如下图所示。

㉙ **创建并羽化选区**

选择椭圆选框工具 ，在人物脚下绘制选区。按【Shift+F6】组合键，弹出"羽化选区"对话框，设置羽化半径值，单击"确定"按钮，如下图所示。

㉚ **填充选区**

为选区填充黑色，按【Ctrl+I】组合键复制图像，将其移到另一只脚上，如下图所示。

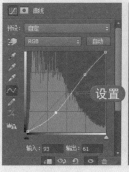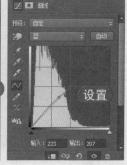

㉛ 拖入素材

打开"光盘：素材 \12\ 骷髅 .png"，将其拖到"海水"文件窗口中，调整图像大小和位置，如下图所示。

㉜ 调整色相 / 饱和度

单击"创建新的填充或调整图层"按钮◢，选择"色相 / 饱和度"选项，在弹出的面板中设置各项参数，如下图所示。

㉝ 调整曲线

单击"创建新的填充或调整图层"按钮◢，选择"曲线"选项，在弹出的面板中设置各项参数，如下图所示。

㉞ 添加投影

同样为骷髅添加投影，并将其拖到"图层 13"的下方，如下图所示。

㉟ 新建并填充图层

新建"图层 15"并填充黑色，按【Ctrl+Shift+]】组合键置顶图层，如下图所示。

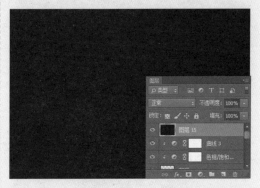

㊱ 应用"镜头光晕"滤镜

单击"滤镜"|"渲染"|"镜头光晕"命令，在弹出的对话框中设置各项参数，调整光晕的位置，单击"确定"按钮，如下图所示。

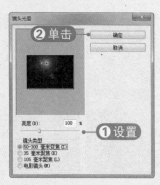

② 单击

确定

取消

亮度(B)：   100   %

① 设置

镜头类型

◉ 50-300 毫米变焦 (Z)
○ 35 毫米聚焦 (K)
○ 105 毫米聚焦 (L)
○ 电影镜头 (M)

37 设置图层混合模式

设置"图层 15"的图层混合模式为"滤色"，将其移到合适的位置，如下图所示。

38 调整亮度 / 对比度

单击"创建新的填充或调整图层"按钮，选择"亮度 / 对比度"选项，在弹出的面板中设置各项参数，即可得到最终效果，如下图所示。

12.3 制作时尚杂志封面

广告摄影作为一种对视觉要求非常严格的工作，其最终成品往往要经过 Photoshop 的修改与设计才能得到满意的效果。下面将利用时尚模特数码照片制作杂志封面，具体操作方法如下：

01 复制图层

打开"光盘：素材 \12\ 封面 .jpg"，按【Ctrl+J】组合键复制"背景"图层，得到"图层 1"，如下图所示。

02 调整可选颜色

单击"创建新的填充或调整图层"按钮，选择"可选颜色"选项，在弹出的面板中设置各项参数，如下图所示。

03 设置"黑色"参数

　　继续在"属性"面板中设置"黑色"选项的参数，以调整该颜色区域的色调，如下图所示。

04 复制图层

　　按【Ctrl+J】组合键两次复制"选取颜色1"图层，设置"选取颜色1拷贝"图层的"不透明度"为30%，为照片添加更多的黄色，如下图所示。

05 调出高光选区

　　按【Ctrl+Alt+2】组合键调出照片的高光选区，如下图所示。

06 调整色相/饱和度

　　单击"创建新的填充或调整图层"按钮，选择"色相/饱和度"选项，在弹出的面板中设置各项参数，如下图所示。

07 查看照片效果

　　此时即可查看微调照片主色，并为黄色部分增加饱和度后的效果，如下图所示。

08 调整曲线

　　单击"创建新的填充或调整图层"按钮，选择"曲线"选项，在弹出的面板中设置各项参数，如下图所示。

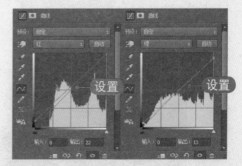

09 设置"蓝"通道

　　继续在"属性"面板中设置"蓝"通道的曲线参数，为照片高光部分增加淡绿色，暗部增加红色，如下图所示。

⑩ 调整色彩平衡

　　单击"创建新的填充或调整图层"按钮，选择"色彩平衡"选项，在弹出的面板中设置"阴影"参数，如下图所示。

⑪ 设置"高光"参数

　　继续在"色彩平衡"面板中设置"高光"选项的参数，进一步微调高光区域的色调，如下图所示。

⑫ 调整可选颜色

　　单击"创建新的填充或调整图层"按钮，选择"可选颜色"选项，在弹出的面板中设置各项参数，如下图所示。

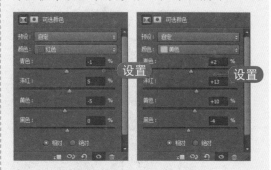

⑬ 调整黑色区域

　　继续在"可选颜色"面板中设置"黑"选项的参数，为照片添加橙红色调，如下图所示。

⑭ 调整色相／饱和度

　　单击"创建新的填充或调整图层"按钮，选择"色相／饱和度"选项，在弹出的面板中设置各项参数，如下图所示。

⑮ 编辑蒙版

设置前景色为黑色，选择画笔工具，对下面的小草进行涂抹，如下图所示。

⑯ 绘制选区

单击"创建新图层"按钮，新建"图层2"。选择椭圆选框工具，在左上角绘制选区，如下图所示。

⑰ 羽化选区

按【Shift+F6】组合键，弹出"羽化选区"对话框，设置羽化半径，单击"确定"按钮，如下图所示。

⑱ 填充选区

设置前景色为RGB（156，96，52），按【Alt+Delete】组合键进行填充，按【Ctrl+D】组合键取消选区，如下图所示。

⑲ 设置图层混合模式

设置"图层2"的图层混合模式为"滤色"，按【Ctrl+J】组合键复制图层，得到"图层2拷贝"，将其"不透明度"设置为35%，如下图所示。

⑳ 调整可选颜色

单击"创建新的填充或调整图层"按钮，选择"可选颜色"选项，在弹出的面板中设置各项参数，如下图所示。

㉑ 复制调整图层

按【Ctrl+J】组合键复制图层，得到"选取颜色3拷贝"图层，效果如下图所示。

㉒ 添加并编辑蒙版

选择"图层1"，按【Ctrl+Shift+]】组合键置顶图层。按住【Alt】键添加图层蒙版，用白色画笔把人物脸部擦出来，适当降低图层不透明度，如下图所示。

㉓ 输入文字

选择横排文字工具，在图像上方输入文字，在"字符"面板中设置各项参数，如下图所示。

㉔ 添加文字

用同样的操作方法继续输入文字，然后打开并拖入"条形码"素材，调整其大小和位置，最终效果如下图所示。

12.4 制作韩式浪漫婚纱相册

影楼的摄影师在拍摄照片时，由于人力、物力、自然等各方面因素的限制，影楼的前期拍摄不可能面面俱到，那么利用数码后期技术对原片进行修改合成，就可以在普通拍摄条件下获得更多漂亮的照片。下面将制作韩式浪漫婚纱相册，具体操作方法如下：

㉑ 新建文件

单击"文件"|"新建"命令，在弹出的对话框中输入名称，设置各项参数，单击"确定"按钮，如右图所示。

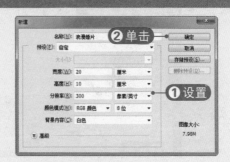

02 新建并填充图层

单击"创建新图层"按钮，新建"图层 1"。设置前景色为 RGB（230，233，226），按【Alt+Delete】组合键填充图层，如下图所示。

03 创建矩形选区

单击"创建新图层"按钮，新建"图层 2"。选择矩形选框工具，绘制一个矩形选区，如下图所示。

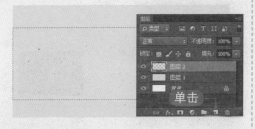

04 填充选区

设置前景色为 RGB（186，195，148），按【Alt+Delete】组合键填充选区，按【Ctrl+D】组合键取消选择，如下图所示。

05 新建图层并填充

用同样的方法新建"图层 3"，创建一个矩形选区，并填充颜色为 RGB（213，214，190），如下图所示。

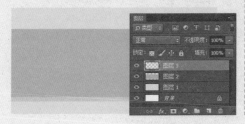

06 绘制矩形图形

选择矩形工具，设置填充色为黑色，在左侧绘制一个大的矩形图形，如下图所示。

07 打开素材文件

单击"文件"|"打开"命令，打开"光盘：素材\12\婚纱2.jpg"，如下图所示。

08 应用 Camera Raw 滤镜

单击"滤镜"|"Camera Raw 滤镜"命令，在弹出的对话框的"基本"选项卡中设置"色温"、"色调"、"曝光"等参数值，如下图所示。

09 增加饱和度

单击"HSL/灰度"按钮☰,选择"饱和度"选项卡,设置各项参数值,增加照片中红色、黄色和绿色饱和度,如下图所示。

10 调整分离色调

单击"分离色调"按钮▤,设置"高光"以及"阴影"选项的参数,单击"确定"按钮,如下图所示。

11 拖入素材

将"婚纱1"素材拖到之前的文件窗口中,按【Ctrl+Alt+G】组合键取消剪贴蒙版,如下图所示。

12 变换图像

按【Ctrl+T】组合键调出变换框,调整图像的大小和位置,效果如下图所示。

13 绘制圆角矩形

选择圆角矩形工具▢,设置填充为黑色,"半径"为30像素,在右侧绘制一个圆角矩形,如下图所示。

14 打开素材文件

单击"文件"|"打开"命令,打开"光盘:素材\12\婚纱1.jpg",如下图所示。

15 应用 Camera Raw 滤镜

单击"滤镜"|"Camera Raw 滤镜"命令,在弹出的对话框的"基本"选项卡中设置"色温"、"对比度"、"清晰度"等参数值,如下图所示。

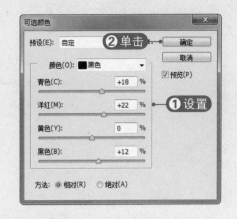

⑯ 增加饱和度

单击"HSL/灰度"按钮▓，选择"饱和度"选项卡，设置各项参数值，增加照片中红色、橙色和绿色饱和度，单击"确定"按钮，如下图所示。

⑲ 调整色相/饱和度

单击"图像"|"调整"|"色相/饱和度"命令，在弹出的对话框中设置各项参数，单击"确定"按钮，如下图所示。

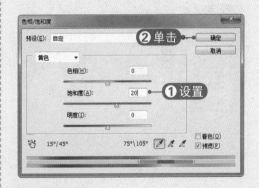

⑰ 拖入素材

将"婚纱2"素材拖到之前的文件窗口中，按【Ctrl+Alt+G】组合键取消剪贴蒙版，然后调整图像的大小，如下图所示。

⑳ 查看照片效果

此时即可查看为照片中黄色调增加饱和度后的效果，如下图所示。

⑱ 调整可选颜色

单击"图像"|"调整"|"可选颜色"命令，在弹出的对话框中设置各项参数，增加照片的黑色调，单击"确定"按钮，如下图所示。

㉑ 打开素材文件

单击"文件"|"打开"命令，打开"光盘：素材\12\音箱.png"，如下图所示。

22 拖入素材

将音箱素材图像拖入之前的文件窗口中，按【Ctrl+T】组合键调出变换框，调整图像的大小和位置，如下图所示。

23 拖入其他素材

用同样的方法添加"文字装饰 .png"素材，效果如下图所示。

24 输入文字

选择横排文字工具 **T**，在左下角输入几行小文字作为装饰，最终效果如下图所示。